相信閱讀

Believing in Reading

財經企管 CB536

大數據@工作力

如何運用巨量資料，打造個人與企業競爭優勢

湯瑪斯・戴文波特
Thomas H. Davenport——著
江裕真——譯

Big Data @ Work

Dispelling the Myths, Uncovering the Opportunities

目錄

【推薦序】

徜徉在廣袤的大數據流裡

鄭緯筌

提起「大數據」（Big Data），你的腦海裡立刻浮現什麼畫面呢？是一疊又一疊的書報、資料呢？還是圖書館裡汗牛充棟的巨量藏書、DVD光碟？或者是各家商城、賣場，在那遙不可及的雲端裡所貯藏著人們的各種消費數據呢？

的確，大數據看似虛無縹渺，但的確已經和我們的生活產生了緊密的關連。坊間也不乏談論大數據的相關書籍，有幾本書從解釋社會、經濟現象和資訊文明的角度切入，也有的書談論網路科技帶給人們生活的衝擊和影響。

但，不是只有科學家或工程師才需要了解大數據。這幾年，我一直在尋覓一本可以談論大數據對我們的工作所帶來的機會與挑戰的專書，但卻遲遲還未見到講述如何應用大數據在我們的工作及企業組織上的著作，不免覺得有些遺憾。

很高興聽到天下文化將引進湯瑪斯．戴文波特所撰寫的這本《大數據@工作力》，作者結合趨勢與實用的角度，為大家詳細整理了「大數據」的來龍去脈，同時也在書中引用大量的實例，幫助讀者理解大數據如何改變我們的工作，以及商業邏輯的運作。

戴文波特提到，大數據應用在職場上的價值可分為三種，分別是降低成本的價值、提升決策水準的價值，以及改善產品與服務的價值。

舉例來說，韓國首爾就以大數據為基礎，分析三十億通的通話紀錄，推出九條夜間公車的路線，方便晚歸的乘客搭乘。另外，首爾計程車都裝有行車紀錄器，經過統計之後，不但可以告知計程車司機哪裡有客人，也會用手機通知民眾搭車的地點。

其實，我們曾在臺北捷運車站看到為夜歸婦女所特別推出專門的等候車廂，但是如果有關單位可以運用大數據再做進一步的分析，也許以後就可以提供更貼心的服務了。

大數據發展至今，僅有短短十年的光景，卻已經從科學家眼中的未來趨勢，落實到我們的生活之中。透過《大數據@工作力》一書的介紹，我們不但能得知最新的潮流、趨勢，更能夠理解世界各先進企業如何巧妙運用大數據。如果您也對它感興趣的話，歡迎和我一起來進入大數據的奇妙世界。

（本文作者為臺灣電子商務創業聯誼會理事長）
http://www.taiwanec.net
http://vista.tw

【推薦序】

大數據：互聯網思維的必修課

戴季全

互聯網思維是大數據的上位概念。

高度應用互聯網思維的企業，也就是所謂的網路公司，在產品的發展與擴展用戶的過程裡，幾乎無處不是大數據觀念的應用。這樣的企業或團隊，極為重視使用者經驗。用戶至上，先創造用戶，才創造客戶。在過程中不斷根據數據進行決策、修正發展的方向，同時也會在不同的階段增加或改變數據的收集來源與詮釋的方法。

這便是網路公司席捲全球所有產業、衝擊傳統產業運作模式的祕密之一。這樣的數據運作方式，搭配網路破壞既有產業資訊不平衡的結構，使得新的產品、新的服務、新的組織方式，以及新的工作方法，莫不快速且加劇改變所有的遊戲規則。

台灣經濟發展落後世界十年以上，你的薪資落後和這樣的思維落後有絕對的關係。大數據是互聯網思維的必修課，如果你讀完這本書發現你的工作和這本書扯不上一點關係，要不了多久，你一定會被迫對自己或你的工作說：「Goodbye, and Good Luck!」

（本文作者為Richi 里斯特資訊媒體暨BuzzOrange 流線傳媒創辦人）

第一章

為何企業與個人都需要大數據？

無可否認，大數據的資料量確實龐大，只不過這名稱也略有誤導之嫌。這樣的稱呼方式，包辦了所有無法存放於傳統資料儲存設備中的狀況，像是「資料量多到無法存放在一台伺服器裡」、「資料太過缺乏結構，以至於無法存放在行列式資料庫中」，或是「在過長的時間裡持續有資料進來，導致無法存放在靜態資料倉儲內」。大數據的多或大，固然是其引人關注的原因，但真正最棘手之處，其實是它缺乏結構。

與大數據有關的書籍，基本上一開始會先告訴讀者，全球的資料量加起來有多少，還會提供數據和比較對象——一般企業的資料總量是國會圖書館有史以來所存放資料的427倍；臉書的圖片資料比柯達處理過的像素來得多；大家每天抓取的影片檔，要比電視問世後、頭五十年的節目內容還多。以上這些數據都不是真的，全是我編的，但如果要拿來描述現代資料的數量與種類多到教人暈眩的程度，應該也相去不遠。

我沒有一開頭便引用這類數據，因為我並不認為那很重要。沒錯，資料的總量確實龐大——根據一項研究，全球在2012年共使用了逾2.8ZB（zettabytes）的資料（相當於2.8兆GB——肯定是大到難以衡量的數字），[1]這自然比我們所知道的任何事物都來得龐大，而且未來只會增加不會減少。但「資料足足有這麼多」之類的話題，或許比較適合在雞尾酒會上聊天之用，對於那些必須管理與運用大數據的組織來說，資料的總量並不是重點。我們甚至還可以引用一句老話（從另一種角度來看）形容——「多寡不是問題」。

重點並不在於因為資料的數量之多而眼花繚亂，而在於怎麼分析資料，將之轉換為知識、創新，以及企業價值。前述研究提到，在這2.8ZB的資料中，只有其中的0.5%曾經接受過某種型式的分析。分析這些資料的最大障礙在於，我們必須先為大數據安排一個架構；這2.8ZB的資料絕大多數都不屬於行列式的格式。眼前有艱辛的苦差事等著完成——我們得開始組織這些資料、分析它們，並從中發掘出價值。並非所有資料都有用處，因為該研究預估，有潛在價值的資料，約莫只占四分之一。但無論如何，我們現在還只停留在皮毛的層次而已。

大數據不只是炒作出來的話題

你應該要對大數據，以及伴隨而來的所有炒作出來的話題，都抱持懷疑的態度——至少在我著手研究該議題之前，就是這麼做的。在我共事過的企業中，有許多家都在事業的經營上運用了資料分析的手法；我也寫過、與人合著過多本談論此事的著作，包括《魔鬼都在數據裡》（*Competing on Analytics*）、《工作中的資料分析》（*Analytics at Work*）等書。在「透過資料分析提升競爭優勢」這個議題上，我合作過的企業，遠遠超過一百家。我承認，一開始我以為「大數據」不過是新瓶裝舊酒，講的同樣是既有的那套分析手法。這個專有名詞是在2010年第四季開始風行，當時在矽谷之外的地方尚無太多實例，因此那時我認為它只不過是另一個由相關軟硬體廠商、企管顧問，以及科技分析師炒作出來的話題。有一小段期間，我還考慮過要用我那幾本書討論的「資料分析學」，在全球取代掉「大數據」這個專有名詞——瞧，我光靠這招就可以變好幾本新書出來了（開玩笑的）！

但是在2011年，我開始研究這個議題後，就發現自己不該對它存疑。那時我做了幾項系統性的研究，像是研究資料科學家與大數據中的人性因素、大企業內部的大數據、旅遊業的大數據，以及用於在大數據中發掘資料的流程等等。[2]為了這些研究，我還找了大數據新創企業、既有網路公司，以及傳統產業的大公司，做了一百多次的訪談。一般來說，既有企業的管理者比較容易像我一樣，對大數據存疑、認為它只是炒作出來的東西。他們很容易覺得，自己早已和大數據交手多年（至少「量很大」是「大數據」定義的一部分），因此不會有什麼新鮮事。不過，後來在訪談中，他們大多認同，現代許多缺乏結構的數據，對他們來說既是新的挑戰，也是新的機會。

最後我的結論是，在這樣的研究後，我確信傳統的資料分析與大數據之間，確實存在著不同之處。而這是其他相關書籍或相關文章未必會告訴你的，它們對於兩者之間往往只有模糊的區分（請見整理在圖表1-1的差異項目）。我會在之後陸續說明這些差異點，以及兩者之間一些主要的相近之處。不過，雖然我對於以「大數據」描述這種現象的命名方式仍持保留態度，但我依然認為，這種現象確實存在，而且對許多組織來說，都有相當程度的重要性。我希望能說服各位認同我這樣的看法，但現在可以先別急著拋開心底的懷疑。

畢竟，如果相信大數據對自己與對組織有其重要性，你就必須採取因應的行動。你必須決定，要把大數據的哪些層面應用到企業中，才最有意義，而且要開始動手做。你必須雇用有能力運用大數據的人才、對外尋求這類人士的協助，或是自行開始培育人才。你還得調整公司目前的資訊基礎架構。假如你真的動手做這些事，我會覺得自己這本書算是寫成功了，當然

圖表1-1　大數據與傳統資料分析

	大數據	傳統資料分析
資料類型	缺乏結構	有行列式的結構
資料量	100TB至PB	幾十TB以下
資料流	資料不斷湧入	靜態資料庫
分析方法	機器學習	根據假說
主要目的	運用資料發展產品	用於協助內部決策及提供服務之用

前提是做這事真的對你有意義，而且無論如何，你都必須先聽得進去我的說法。

因此，我寫這本書的目的，不在於推銷大數據這個概念，而是要協助你做出關於大數據的有效決策。我會讓你知道，大數據中最讓我印象深刻的是什麼；但我也會讓你知道，大數據有哪些層面被誇大了。我會告訴你，我認為將因為大數據而轉型的產業與組織；但我也會告訴你，哪些產業與組織不至於受到太大的影響，至少在一段期間內是如此。假如你真的決定要運用大數據，我會教你一些合理又不花太多成本的做法。

雖然我尊重你在管理工作中如何分配時間與心力，但我還是希望，你能夠考慮，在組織內部擬定大數據的專案計畫，就算只是試探性地開始建立一些運用大數據的能耐也無妨，雖然我確實認為，大多數的組織，應該都已經在往這個方向走。至少，貴公司的管理團隊應該要開始討論，大數據在貴公司的事業中，可能應用在哪些層面上。

我想我一開始最好先設想一下，這本書的讀者會是什麼樣的人。接著我會說明我對於大數據的一些保留之處，包括命名的部分，以及這話題是否只是一時的流行。然後，在本章剩下的部分，我會交待為何我認為大數據是個重要議題。

你是什麼身分的讀者？

你是什麼身分，為何你有興趣了解企業可能如何運用大數據，以及它隱含的價值？以下我對於你的身分做了一些假設（雖然你可能只是純粹在飛機座椅上發現這本書，或在購買Kindle電子書時點錯本！）。我前面幾本關於資料分析的著作，讀者基本上都是睿智而有企圖心的商務人士，他們相信資料與科技具有改變事業規則的潛能。而我推測，你可能也有這樣的特質。

不過我也發現，對於大數據最感興趣的企業經理人，都來自於一些資料密集部門，像是行銷、供應鏈，以及資料量日益增加的財會與人力資源部門。還有，經理人假如隸屬於負責維護大數據的部門，像是資訊部門，通常也會很有興趣多深入了解大數據的概念。以產業別來說，經理人如果是來自於網路企業等已經高度資料導向的產業，或是來自於很有可能因為大數據而重新形塑的產業，也會對它格外感興趣——任何產業都有此可能，但零售、旅遊、運輸、電訊、媒體、娛樂，以及金融服務等手握龐大消費者資料的產業，尤其如此。最後，假如你是個正準備走大數據相關職涯，或至少想要做一、兩樣這類工作的學生，請你恭喜自己做了這個睿智的決定，因為這很可能即將成為長年蓬勃發展的領域。

假如你和我碰過的大多經理人或專業人士一樣，你肯定已經意識到大數據一詞的存在，也知道資料正以驚人的速度增加。但你可能還是不甚了解，具體來說，大數據到底和傳統的資料管理與分析有何不同，又有何關聯。最重要的是，你們所處的組織，絕大多數都尚未針對大數據採取行動。例如，2013年在一項針對一千名《哈佛商業評論》的讀者所做的調查中，許多受訪者都表示，他們很常看到大數據這個字眼；但只有28%的受訪者表示，他們所屬的組織「目前正運用大數據協助公司做出更好的企業決策，或藉以開創新的事業機會」；只有23%的受訪者表示，自己所屬的機構目前已針對大數據制定策略。只有6%的受訪者強烈認同「我所屬的機構已評估過大數據對於企業各重要部門的衝擊」；至於強烈認同「我所屬的機構知道該如何把大數據應用在事業經營」的受訪者就更少了，只有3.5%。

這就是為何你必須找這本書來看的原因了——你必須協助你隸屬的組織面對這樣的問題，而且此舉或許有助於你自己的職涯發展。我得說，你來對地方了！

解構「大數據」一詞

我和許多經理人討論大數據現象時，也同樣提到，我很喜歡大數據這個概念的一切，但唯獨不喜歡這個名字。如同我前面所暗示的，大數據是一個革命性的概念，它可能握有改變幾乎各行各業的能力。不過，基於某幾項原因，這個專有名詞本身大有問題。

第一個問題是，「大」只是這種新型態的資料有別於既有資料的面向之一，而且對許多組織而言，「大」並非最重要的特質。根據2012年由大數據顧問業者NewVantage Partners針對大型組織的五十名經理人所做的一項調查，在大公司裡，他們所處理的較屬於「資料缺乏結構」的問題，而非「資料量過於龐大」的問題。在該調查中，有30%的受訪者表示，他們所處理的大數據問題主要在於「必須分析來自多個來源的資料」；另有22%的受訪者則主要聚焦於「分析新型態的資料」；還有12%的人主要是「分析動態的資料串流」；只有28%的受訪者是以分析大於1TB的資料集為主要工作，而且這群人當中有許多（13%）是在處理介於1TB與100TB間的資料集，但若以大數據的標準來看，這樣的資料量並不算多。[3]

「大數據」這個稱呼還存在著其他問題。「大」這個字，很明顯是相對的——就算今天看起來很「大」，並不表示到了明天仍然算「大」。而且，前述調查也顯示，對一家組織而言的「大」，對另一家組織來說可能很「小」。我個人基本上認為，「大」應該指的是1/10PB以上的資料，但就算資料真的多到會造成影響，也不過就是必須購買更多硬體來儲存與處理這些資料而已。

有人以三個V（量〔volume〕、龐雜程度〔variety〕、累積的速度〔velocity〕）來定義大數據，但有人又另外加了幾個V（真實性〔veracity〕、價值〔value〕——或許下一個V是「能夠花錢搞定」〔venality〕），然而這樣的描述也有問題。我認同這些都是大數據的重要特質，但假如你手邊的資料只符合其中一兩項的V呢？難道你就因此只握有三分之一或五分之二的大數據嗎？

另一個問題是，太多人（尤其是相關軟硬體廠商）已經把「大數據」一詞拿來指稱任何接受分析的資料，或者誇張一點，連純粹呈報用的資料，或傳統的企業內部資訊，也全都算在內。相關軟硬體廠商與企管顧問，把任何熱門新字眼拿來套用在自己既有的產品或服務上，已經是他們的慣用伎倆；在大數據方面，他們肯定也使用了這樣的手法。假如你已開始在閱讀談論大數據的書籍、文章或廣告，千萬小心，裡頭若提到「資料導向決策」或是傳統的資料分析手法，你所吸收的想法或許很有用、很有價值，但並不能算是什麼新東西。

基於定義「大數據」時的上述問題，我（以及我徵詢過其意見的一些專家）估計，這個不幸的術語，可能會比別的術語短命。媒體與新創企業都愛用這個字眼，但我已觀察到，一些在大企業從事資訊工作的人，尤其是在銀行、運輸業者等已經長年掌握龐大資料的企業服務的人士，都不太愛用這樣的字眼。我會在第八章深入交待此事。簡單講，他們認為，這一代的新資料來源與型態，不過是先前好幾代新東西的其中一代而已。當然，這並不表示「先前大家認知為大數據的那種現象」將會消失。假如你是要描述過去十年左右冒出來、種類繁多的大量新型態資料，就我所知，「大數據」依舊是最好的統稱術語。

不過，由於這字眼實在太不精確，企業必須多解構一些，才能修正自己的策略，並且讓利害關係人知道，管理團隊有意如何運用這些新型態的資料，以及哪些類型的資料最為重要。大數據當然有許多不同的變種可以選擇——而且每一種特質都有多種可能的選擇，如圖表1-2所示。你可以先從每一行之中選擇一項。

圖表1-2　大數據的各種可能特質

資料類型	資料來源	所屬產業	所屬部門
大量	線上	金融服務	行銷
缺乏結構	影片	醫療	供應鏈
動態串流	感測器	製造	人力資源
多種格式	基因組	旅遊／運輸	財會

換句話說，你與其說「我們正針對大數據推動一項計畫」，還不如說「我們正準備分析來自於ATM與各分行的影音資料，以求對顧客關係有更深入的了解」，會比較有建設性一些。或者，假如你服務於醫療業，你可以決定要「整合電子病歷與基因資料，提供個人化的治療方案」。此舉除了有助於釐清目標與策略，也有助於避免無止境地討論涉及的資料量究竟是大還是小（事實上，即便發展的是值得崇敬的出色事業，還是有少數企業承認，他們只有「小數據」需要處理而已——由此我也學到，若要讓一個專有名詞真正管用，就必須把彼此相對的兩種情況都囊括進去）。

當然，你還是可以使用時下流行術語。假如你們公司只喜歡採用夠新、夠炫的管理工具，而且在你閱讀這段文字時，「大數據」依然是個相較之下夠新、夠炫的概念，那就設法推個大數據專案（big data project）吧，或者乾脆叫它BDP。也就是說，假如稱之為大數據，有助於在公司內部激發大家的行動與熱情，那就這樣叫吧。但千萬要做好準備，好在下一個流行新名詞出現時，「移轉軸心」（這個說法夠時髦吧！）。IBM已設有一處專供「巨量資料」的研究中心，料想不久就會演變為「海量」或「龐量」資料！

在本書中，我仍會沿用「大數據」一詞，因為此時此刻尚無其他字眼可用於描述同時具有前述特質的資料。但我相信，我們必須以遠比目前細膩的眼光，來看待名字取得很糟的這些資料，才可能從中發掘出價值。

大數據的現象會長久存在嗎？

或許我們可以說，大數據這名字很不幸地取得並不好。但這究竟會是個長期的現象，還是僅止於一時的熱潮？它只是資訊管理界有如搖呼拉圈或養石頭當寵物般的趕流行嗎？假如答案是肯定的，那麼企業領導者大可放心忽視它。但如果大數據是企業環境中一種將會長期存在的重要現象，任何予以忽視的企業與經理人，就得自負風險了。

有鑑於它背後的概念並不特別新，大數據這個想法之中，肯定有一些流行新元素在。「分析資料，以了解企業現況」的做法已經行之有年（至少早在1954年，一些企業就這麼做了——當年UPS設立了一個資料分析小組），因此我們沒事幹嘛要弄個新名字來描述它？過去，對於闡釋資料背後的意義一事，會稱之為決策支援、主管支援、線上分析處理、商業智慧、資料分析，一直到現在的大數據（見圖表1-3）。[4]在每一代的新名詞中，確實都加了一些新意進去，但我並不確定，其實質內容是否已經進化到值得改用第六種字眼描述之。

由於大數據「涉及新型態的巨量資料」，確實有些值得換

圖表1-3　用於描述「運用與分析資料」的專有名詞

專有名詞	使用期間	具體意義
決策支援	1970~1985	藉由資料分析支援決策
主管支援	1980~1990	特指高階主管應利用資料分析做決策
線上分析處理（OLAP）	1990~2000	用於分析多維度資料表格的軟體
商業智慧	1989~2005	協助企業運用資料做決策的工具，尤其強調報告的部分
資料分析	2005~2010	特指運用統計與數學分析做決策
大數據	2010~現在	特指大規模、缺乏結構、快速變動的資料

個新字眼描述——根據一項預測，[5]每天在全球會產生2.5百萬兆（在2.5的後面加上18個0）位元組的新資料。但如同我先前所說的，這些資料「缺乏結構」的特性，更值得我們為它換個新字眼、採用新的解析手法。有些資料類型，像是文字與語音，雖然已經伴隨我們很長的時間，但由於這類資料大量存在於網路上，而且是以有別於以往的數位格式存在，因此已經在解析這類資料的新技術伴隨之下，開啟了另一個新紀元。臉書、Pinterest的頁面，以及推特上的推文等等來自社群媒體的資料，才是真正的新型態資料，但我不知道是否這些資料型態日後仍能全數留存；目前常見的狀況是，把這些社交工具提供的功能整合到眾多應用程式中。不過，從中生成的資料，以及

資料中透露出來、關於用戶的訊息，倒是不會消失。

但基本上，**感測器資料**仍會存在。連網設備的數量，已經在2011年超過了全球人口。多位分析師預估，2025年時，全球會有500億個感測器連上網路（物聯網），每個感測器都會記錄一些資料。雖然根據早先的預測，連網感測器主要會使用在消費性設備上，但目前為止進展還很有限。家裡的冰箱可能短期內還不會連上網路（舉個例子，一旦連網，冰箱或許就能在存放的牛奶量過低時，自動訂購新鮮牛奶），但已經有愈來愈多的電視機、保全系統與恆溫器連上網路。每一件這樣的設備所產生的資料，都可以用於提供更好的使用經驗、消費經驗與服務。

感測器目前也會安裝在母牛或人類身上。例如，農業暨牲畜業者J.R.Simplot的資訊長羅傑．帕克斯（Roger Parks），已經開始用「數位母牛」來稱呼牠們。該公司正進行實驗，把感測器植入母牛的胃裡（母牛有四個胃，基於某些因素，第二個胃似乎是植入感測器的最理想部位）測量溫度。假如母牛病了，感測器會通知獸醫，讓他們在仍有時間為母牛治病之前，過來察看問題。還有一些研究人員在做的實驗是，利用感測器偵測母牛胃裡是否存在大腸桿菌。希望在裝了這些感測器後，仍有空間可以讓母牛進食！

人類「接受感測」（我剛想出來的一種說法）的情形也日

益增加，原因不外乎是為了醫療與瘦身。我們身處於一個資料自動解析的時代，或者也可以說是一個「收集個人的身體指數、生產力與醫療資料，並予以解析」的時代。[6]據我所知，第一款大受歡迎的個人資料分析程式，是2006年由耐吉與蘋果iPod合作推出的Nike+。設有感應器的Nike+鞋款，一旦連上iPod，就能記錄並顯示出自己的跑步時間、矩離、速度，以及燃燒的熱量多寡。在那之後，耐吉與蘋果又推出多種擷取運動數據的方法（像是心跳感測器、從有氧健身器材傳輸數據，或是內建感應器的運動服等等），許多Nike+的用戶（據說超過五百萬人）也經常會把自己的運動數據上傳到筆記型電腦裡或Nike+網站上。用戶可藉此監看自己的跑步習慣、和朋友比賽，或是接受線上訓練課程的指導。

自2006年以來，已有諸多解析個人資料的感測器程式問世，而且很多都和Nike+一樣，應用在運動方面。例如，Garmin Connect這個程式主要在協助不同類型的運動員記錄活動、規劃新路線，以及和別人分享他們的成績；Zed9主要在記錄社會適能（social fitness），CycleOps追蹤的是當事人騎自行車的能力，Concept2則記錄你練習划船的狀況。

但慢慢的，個人資料分析已經從運動方面擴及更多層面，基本上是在醫療、理財、工作，以及生活滿意度等方面。Withings公司推出有WiFi功能、可連上推特的體重計，也似乎正準備拓展到血壓計及其他連網醫療器材上。包括MyZeo、WakeMate、BodyMedia，以及Fitbit等多家廠商，則提供睡眠數據解析（我的Fitbit智慧產品最近告訴我，我的睡眠效能是97%——那時我欣喜若狂！）。目前，一家位於密西根的新創企業Me-trics，正推出一種幾乎可以應用在醫療、情緒、理財、瘦身、線上活動等任何生活層面的通用性工具，協助使用者測量數據，以及控管個人資料的解析工作。我登入Me-tricsr的那天，一個叫瑪麗（Marie）的人在追蹤她的幾次肌膚之親（現在我贏得你的注意了！），另一個叫朗恩（Ryan）的人在追蹤用水量。毫無疑問，不久就會出現客製化的內建感測器來滿足這類需求。

假如你覺得人類的生活中，這樣的資料還不夠，還有智慧型手機——它幾乎成天跟著我們，而且會記下我們的所在位置、對話，以及日益常用的手機購物狀況。軟體業者Wolfram Research的執行長史蒂芬．沃爾夫勒姆（Stephen Wolfram）已經在他自己的工作[7]中證明，電腦可用來記錄我們在工作中的幾乎所有事項。例如，他可以清楚知道，自1989年以來，自己所寄出過的一百萬封電子郵件，每一封各是何時寄出的。或許再過不久，連我們的情緒與腦波，也都可以記錄下來接受分析。

不過，感測器記錄的最大宗資料，最後可能是來自於「工業互聯網」——一個由設置於廠房、交通運輸網、能源網等處的大量連網設備所構成的網路。奇異認為，這樣的發展，可能會在資料量與資料的潛在價值上掀起革命。例如，該公司預估，光是天然氣發電渦輪中對於渦輪葉片的監控，每天就會創造出588GB的資料——這是大家每天在推特上鍵入內容的七倍。

假如這麼眾多的大數據來源，仍不足以敦促大家起身面對，還有軟體供應商等著推一把——或者該說，是這些廠商的顧客推了一把。軟體供應商或許有時候會玩「用大數據的新瓶裝舊酒」的把戲，但整體來說，商用軟體的本質，已出現相當程度的轉變。現在的商用軟體，不再只是追求「交易自動化」，也在朝「分析所生成的資料」發展。自從思愛普（SAP）發現，藉由商業智慧與資料分析的相關產品所賺取的利潤，已經超過來自套裝交易程式的利潤，該公司便大幅度調整產品內容。當諸如惠普、EMC，以及甲骨文等企業，都大舉購併大數據暨資料分析領域的公司，也相繼推出相關產品，就意味著背後正在發生某種新變化。IBM斥資近200億美元購併資料分析相關企業後，形同要打一場完全不同於以往的仗。就連微軟這家過去以支援個人電腦上的小數據為主的公司，都開始推出一些涉及大數據的產品。在本書的後面章節（主要在第五章）中，我會再深入討論大數據技術。但現在我只想讓你知道，既然已經有這麼多家大型供應商在大數據後面排隊等著，就代表大數據這個概念不太可能式微。

更多資料，更多技術——除此之外還需要什麼，才能確保大數據不只是曇花一現？我會在這本書裡讓各位知道，賦與大數據生命的，其實是「人」的部分。以我之見，一家企業能否成功運用大數據，最大的關鍵在於資料科學家所扮演的角色；我會在第四章花一些篇幅探討這件事。資料本身往往不是免費就是低成本；軟硬體也一樣，不是免費就是花不了多少錢，但相關人才卻耗費高成本才可能找到，而且不是那麼好找。我會在第四章談及為何這問題會這麼嚴重，但我在這裡要說的是，相關人力在未來會變得好找一些。原因在於，許多大學都開設商業智慧或資料分析的學分課程或學程，而且有相當比例正著手把大數據議題或技能加入課程之中。學校已經開始推出一些大數據與資料科學的課程，再過不久，就會有幾萬名合格畢業生從這些學校進入企業。企業會因而比較容易推動大數據計畫，不會因為人才短缺而必須縮小相關行動的規模。

以上這些供給面的因素，在在顯示出大數據及其相關概念與技術，並非一時的流行，而會跟隨著我們好幾十年的時間。企業與機構不可能無視於大數據，除非它們不再關心如何節省成本，也不再關心要如何賣出更多產品與服務，或是取悅顧客——但那似乎是不可能的。

從管理的角度來看，大數據有何新意？

我會在第五章探討大數據在技術上有什麼新東西。但就如同常見的情形，技術固然教人傷腦筋，更教人傷腦筋的其實是在管理以及人的議題方面。有些議題新到目前幾乎尚無任何解決方案，但有些問題倒是已經露出一線解決的曙光。

其中一項我已經提到了，就是找對的人來處理大數據的問題。我必須再次強調，人是把這件事做成功的關鍵。雖然解析資料一事向來就需要人來做，一點都不奇怪，但大數據方案所需要的人才，也就是資料科學家，卻截然不同於傳統的資料分析人員。他們解析起資料更加得心應手，更富實驗精神，也更注重解析後得到的產出。我會在第四章更深入談論。

由於大數據的資料、技術，以及人才都與既有的資料分析有些不同，企業必須發展出足以接納大數據的新組織架構。你不能想當然耳認為，大數據只會出現在資訊企業。在大企業裡，大數據團隊可能出現在行銷、財會、產品開發、策略，以及資訊部門。我會在第三章探討，在不同狀況下，大數據團隊最適於擺在哪裡。

傳統的資訊管理與資料分析主要是用來支援內部決策，但大數據在這方面有些不同。我同意它們在很多時候確實有這樣的功用，特別是在大企業裡；但資料科學家通常處理的是面對顧客的產品與服務，而非為高階經理人編製內部決策用的報告或簡報。在大數據的新創企業中尤其如此，但在規模更大、更有制度的企業裡也同樣如此。例如，商務社群網站LinkedIn的共同創辦人暨董事長雷德·霍夫曼（Reid Hoffman），就讓公司的資料科學家組成產品開發小組，而且已發展出諸如「你可能認識的人」、「你可能喜歡的團體」、「你可能感興趣的工作」、「誰看過我個人檔案」等多種產品。奇異則專注於應用大數據改善服務，目前也已透過資料科學，促成服務契約以及工業產品維修間隔的最佳化。谷歌（Google）這家絕對稱得上大數據企業的公司，當然也會交由資料科學家改良其核心搜尋暨廣告服務的演算法則。社群遊戲業者Zynga則指派資料科學家找出適於提供給用戶的遊戲或遊戲相關產品。線上租片業者網飛（Netflix）舉辦眾所周知的網飛大賽（Netflix Prize），獎勵能夠幫該公司提出最適切的租片建議給顧客的資料科學團隊。提供語言考試指導的業者Kaplan，也開始交由資料科學家，提供學生有效學習與準備考試的建議策略。這些企業所推動的大數據計畫，都直接鎖定在產品、服務與顧客上。這樣的狀況對於其他企業推動大數據活動，以及開發新產品的流程與速度來說，當然都有其重要意涵。

假如企業研擬運用大數據的方式確實牽涉到內部決策，那麼依然會需要一些新的管理方式，只不過在實務上目前尚未出現全面的解決方案。其原因在於，大數據的內容不斷在變動。在傳統的決策支援情境中，資料分析人員只要在取得資料集後據以分析，找出模式後，就能把成果提供給決策者參考；但大數據則不然，其資料比較不像靜態的資料集，而是快速持續變動的串流。因此，無論在取樣、分析資料或訴諸行動方面，企業都需要更連續性的手法。

在一些涉及持續監看資料的應用情境中，像是要針對社群媒體的資料做情感分析（sentiment analysis）時，這一點尤其重要。情感分析可協助組織評估，來自各大部落格、推特，以及臉書頁面上，對於該公司各品牌與各產品的正面與負面評論之間，是否均衡。這類監看程式有個潛在問題是，經理人很容易只看到持續產生的分析結果與報告，卻未能據以做出任何決策或採取任何行動。「情感上升了……不，又下降了……哇，又再次回升了！」對於這類持續性監看作業，應該要設置一個流程，像是在資料數值超出特定上下限時，判斷是否需要做出特定決策、採取特定行動。這類資訊可協助判斷出決策的利害關係人、決策的流程，以及必須做決策的標準與時刻。

就連聯合國這個一向不以反應敏捷見長的組織，都開始採用這樣的新決策方式。聯合國的「全球脈動」創新實驗室已開發出一種名為「HunchWorks」的資料相關工具，而且擺明了就是一款監看導向的大數據應用程式。該實驗室把HunchWorks

稱為「全球第一個用於訂定假說、收集佐證，以及集體決策的社交網路」。[8]其概念為，當資料開始呈現某種趨勢或現象時——比如說氣象資料指出，非洲的某個區域可能將因為乾旱而導致饑荒——分析人員就會把這樣的預測，以及所根據的資料公布出來，其他人可再做新的分析或引用資料，以評估該預測成真的可能性高低。諸如此類的建設性假說，稱之為「數位狼煙」（digital smoke signals）。[9]其用意之一在於，判斷該預測是否值得繼續做深入分析並採取行動。不過，聯合國會設置這種系統，對該組織的文化來說，實在是很重大的轉變。

無論是由社群還是由個人分析資料與做決策，連續不斷的大數據串流，在在都告訴我們，組織必須擬定、設想一些新方法，來運用這樣的資料做決策。假如收集與分析大數據是一件值得投資的事，組織也同樣值得花些心力想想，資料分析所得到的結果，會對決策與行動帶來何種影響。

大數據帶來的管理新導向

大數據不但改變了技術與管理流程，也改變了組織行事的基本導向與文化。手握這樣的新資源，我們簡直無法再以相同方式看待企業。

在行事導向上的必要改變之一是，企業必須運用大數據發掘更多事實、推動更多實驗性做法。[10]一直以來，商業與科技公司的主要事業重點，都放在促使行銷、銷售、服務等功能的流程自動化上。企業過去一向都藉由解析資料，來理解與微調流程、取得管理資訊，以及在出現異常狀況時做為警示之用。事業與技術架構往往反映出這樣的過程，因此企業會期盼先完成交易與營運的工作，再移往分析資料、取得資訊的階段。企業會評估自身的經營績效、設想改善方案，並擬定為期幾個月到幾年的技術專案，付諸實行。

但大數據徹底顛覆了這套做法。其基本信條是，這個世界，以及用於描述它的資料，都處於經常的變動與不穩定當中，任何組織若能比別人迅速而聰明地發掘資訊、採取因應行動，就能占上風。真正有價值的企業能耐與資訊能耐，在於從大數據中發掘價值以及行事敏捷，而非維持穩定。運用大數據工具與技術的資料科學家，可望持續在既有資料來源與新資料來源中，發掘出各種樣態、事件，以及機會，而且是以前所未見的規模與速度。

這種新的導向對於小型的新創企業來說相對容易。不過，大企業可能必須為此大幅調整看待資訊科技以及資訊活動的心態。我們常會聽到資料分析人員說，他們有75%到80%的時間，都花在找尋與釐清資料來源，以及準備分析所需的資料上。無論企業或政府，真的都是如此。美國國防部（五角大廈）一個名為「決策資料」（Data to Decisions）的策略計畫領導人卡瑞．舒瓦茲（Carey Schwartz）認為，假如無法顯著改善時間運用的效能，來自下一代感測器的巨量資料，以及系統整合後的複雜程度，將會遠遠超出分析人員的因應能力。[11]

五角大廈與舒瓦茲的擔憂是有道理的。正如許多私人企業一樣，軍方收集資料的速度，同樣遠超過分析資料的速度。例如，美國軍方近來愛用的無人駕駛飛機，不但能夠向恐怖份子發射飛彈，還能夠拍下飛經區域的影像資料。影像資料對於軍方來說用處多多，但前提是得經過分析。只是，目前明顯並無充足的分析人力能夠處理所有影像資料。2012年，時任美國空軍部長的麥可．唐利（Michael Donley）曾以遺憾的口吻表示，空軍的資料分析人員得花上幾年的時間，才能把無人駕駛飛機拍回的所有影像分析完畢。很明顯，空軍正在設法找出能夠以較少人力分析資料的方法。[12]

目前，舒瓦茲在五角大廈正試圖運用大數據技術，讓（影像與其他）資料的分析人員能夠提升百倍的生產力。他強調，這需要的是「管用的資料分析方法」，也就是要符合他形容的「可信賴、穩健，而且能夠自動化」。解析手法、演算法則以及使用者介面，必須連結在一起，提供新方法讓使用者與「人與資料的互動迴圈」（human in the loop；譯按：指人本身也是這個互動迴圈中的一部分）互動，並且支援該迴圈的運作。或許這股敦促資料分析朝向自動化發展的推力，有一部分來自於一項事實：在情報社群中，至少存在著一個「人與資料的互動迴圈」，也就是揭露美國國家安全局監控資料的愛德華・斯諾登（Edward Snowden），他在運用了來自美國軍方以及英國情報單位的資料後，成了前美國中情局局長暨前國家安全署署長麥可・海登（Michael Hayden）口中所說的「美國史上造成最大損失的洩露國家機密者」。[13]

為大數據設計的新架構當中，其中一個元素是，要把探索與分析看成企業的第一要務。企業必須提供資料科學家（以及一般資料分析人員）可持續利用的資料分析平台或沙盒（這個專有名詞點出，大數據計畫肩負了探索資料的使命），藉以協助他們隨時取得企業內外的資料。該平台必須促進新資料的整合、提供即時查詢與視覺化的功能，好讓使用的人能夠更快消化資料。等到平台產出有價值的資訊後，就可以用來要求生產體制與製程有所改善。

若要根據取得的資料，以及解析資料所得的資訊發展產品，企業也必須採納新的方法論。傳統那種瀑布式的工作方法——只在漫長流程的最後產出一項成果的高度結構化方式——已經慢慢被迫從系統發展的流程中式微，取而代之的是更快速、更有彈性，能夠敏捷因應問題的流程。既然講究敏捷，相較之下就比較不會在一開始時花太多時間訂定系統規格，反倒會把重點放在迅速創造出多項小成果之上。而這樣的工作方法，也適用於資料分析與大數據。不停的實驗、不停的取得成果，以及不停的驗證，已經取代了在發展新的資料分析系統或流程時，不精確而緩慢的需求收集過程。

當然，並非所有資訊作業都以探索為宗旨；解析資料所得到的資訊，通常是在應用到製程與生產體系後，才能發揮出最大的價值。從資料中解析出資訊後，我們必須予以分類，看它是屬於「與事業無關」、「有趣但用處不大」，或者是「應據此採取行動」的資訊。同樣的，假如針對大數據所做的分析，最後促成了新產品或新特色的出現，企業就必須判斷，是要馬上採用、予以捨棄，還是考慮在日後的某個時點再採用。

前面提到的聯合國HunchWorks的例子，也凸顯出企業面對大數據時另一個必須調整的管理導向。對於HunchWorks，還有另一種描述是「一種用於為企業內外的知識創造更多交流機會的機制」。大數據的重要面向之一在於，對於使用它的組織來說，它往往屬於「外來的東西」。無論要解析的是網路資料、人類基因組資料、社群媒體資料、物聯網，還是來自其他源頭的資料，它們很可能都不是來自於公司內部的交易系統。但這樣的狀況也有例外——我會在第二章介紹——最有可能出現在電信業以及金融服務業，因為這些產業都有為數龐大、在公司內部生成的資料要解析。但就算如此，為內部資料再補充一些外部資料進來，還是會很有助益。

這凸顯出，企業在管理導向上的重大轉變。1998年，管理大師彼得·杜拉克曾評論道，大部分的資訊系統，關心的都是內部的會計資料，「這使得企業管理中一種一向存在的退化傾向更形惡化，特別是在大企業：只聚焦於內部的成本與活動上，卻沒有聚焦於外部的機會、變遷與威脅上……管理高層取得的內部資訊愈多，引入外部資訊、予以平衡的必要性就高——但企業根本連外部資訊都無從取得。」[14]

現在有了大數據，企業就可以開始關注外部資訊了。正如大數據新創企業的一位高階主管克里斯多夫·阿爾伯格（Christopher Ahlberg；Recorded Future執行長）所說的，「對我來說，就像是我們早已把內部資訊裡頭的果汁都榨光了一樣。或許該是我們把焦點放在外部資訊的時候了。」[15]我必須說，內部資料還是有一些殘餘的果汁可以榨，不過組織外頭能夠取得的資訊，肯定要比內部來得多。

為了把外部資料融入到決策、產品以及服務之中，多數經理人勢必得改變自己的思維與習慣。他們必須經常察看外部的資料來源，看看可以取得什麼資訊，以及如何運用這樣的資訊來支援組織。他們只要把目光看向外面就行，看看供應商與供應商的供應商，看看顧客與顧客的顧客，也看看事業風險與政治風險。還有，正如我先前建議的，經理人還必須發展出一套有系統的判斷標準，才能在認定為重要的外部資訊進來時，用它來協助公司做決策與採取行動。

大數據帶來的新機會

當然，大數據如果真的要進入企業、占有一席之地，就勢必得帶來一些新機會。企業經理就算知道臉書與推特上有多少資料，或是每個人類基因組裡頭有多少GB的資料，對於判斷大數據是否有利用的價值，並無任何助益。

價值可分為三種：**降低成本的價值**、**提升決策水準的價值**，以及**改善產品與服務的價值**。在本書後面的部分，我會探討大數據的技術帶來的降低成本的機會；但在這裡我可以先說，成本大有因而降低的潛力。至於在決策上，大數據所能提供的主要價值，在於為解釋模式與預測模式增加新的資料來源。許多力挺大數據的人都主張，把新資料來源加到一個模式中，其所創造的價值，高過於直接改善這個模式本身的價值。例如，任職於沃爾瑪實驗室（@WalMartLabs），並於史丹佛大學授課的安納德．拉雅藍（Anand Rajaram），曾經在他於史丹佛開設的其中一門課裡，舉辦過一場類似於網飛大賽（公開邀請各界人士參與的競爭，競賽內容是幫忙網飛改良用於察知顧客影片偏好的演算法則，贏家可獲得百萬美元）[16]的自然實驗。在拉雅藍所教的幾個班級中，有一個團隊針對網飛所提供的資料，套用了極為複雜的演算法則；另一個團隊則是加入了取自網路電影資料庫（Internet Movie Database）的電影分類做為補充資料（雖然根據該競賽的規則，這麼做是違規的），結果第二組的預測比第一組要精確得多。拉雅藍也認為，谷歌之所以能勝過早年的一些搜尋引擎，得歸功於該公司另外併用了一些超連結資料。谷歌的研究總監彼得．諾威格（Peter Norvig）是這麼說的：「並不是我們的演算法則比別人好，而是我們的資料比別人多。」[17]

對於實體企業而言也是一樣，很多類型的決策，都可以經由加入大數據而提升水準。假如你手邊有一些用於估算顧客流失率的資料，而且源自於顧客從你這裡購買過什麼或沒購買過什麼，那麼可以再把顧客過去接受服務或購物交易的歷史紀錄加進來，料想就能提高預測的精準度。假如你手邊有個用於預測顧客接下來可能購買什麼，藉以提供「最佳推薦商品」的模式，而且使用的是顧客的購物紀錄與人口統計特質，只要再分析他們在各大社群網站上的某些貼文或按讚項目，或許就能提升預測的精準度。某些你準備加進來的補充資料，或許因為數量龐大或缺乏結構而成為「大數據」，但補充資料也可能是小數據或有結構的資料。重點在於，要多開拓一些可協助自己做決策的新資料來源。

另一個大數據所帶來的新機會是，用它來為顧客開發出色的產品與服務。先前我已講過，在探討傳統商業智慧與資料分析時，未必常有這樣的機會。基本上，大數據仍處於萌芽期，對於運用資料發展出來的產品或服務來說，就更是如此了。不過，目前已有許多實際從大數據中發想出來的出色產品與服務，這部分我會在第二章做更多介紹，不過在此可以先講幾個，讓各位知道大數據的潛在效益。

前面我提到，大數據以及據以發展出來的產品在LinkedIn扮演的角色；但明確為該公司帶來價值的功能，其實是「你可能認識的人」（People You May Know, PYMK）。很多使用過該網站的讀者應該都知道，PYMK會告訴LinkedIn的成員（顧客），某幾位其他成員可能會是他們想要聯繫上的人士。PYMK會多管齊下，從不同角度幫成員找出可能的新人際連結，包括讀過同樣的學校、待過相同的公司、有共同認識的人，或是住過相同地區等等。包括我在內，很多該網站的用戶都覺得，這種把遺忘已久的人際關係挖出來的能力，實在神奇無比。

更重要的是，PYMK藉此為LinkedIn創造了許多新顧客。和該網站曾經實施過的其他吸引用戶回流的活動相比，PYMK提供給用戶的資訊，多增加了三成的點擊次數！有數百萬用戶因為PYMK而反覆造訪該網站，要是沒有PYMK功能，他們可就不會這樣了。託此一功能之福，LinkedIn明顯呈現出向上的成長曲線。還有一點也證明了PYMK功能有其價值——許多其他社群網站，包括臉書、推特，以及Google+，都增加了類似的功能。雖然在我看來，LinkedIn的PYMK功能還是最好用。

再舉一個例子。線上旅遊系統業者阿瑪迪斯（Amadeus）已發展出一種名為Featured Results的大數據服務。有鑑於該公司面臨日趨嚴重的事業挑戰——「瀏覽對訂位」比率（或說線上查詢對實際訂購機票的比率）迅速上升——阿瑪迪斯需要一些能夠讓旅遊服務供應商提供吸引人的商品給顧客的方法。而Featured Results可根據用戶查詢內容的資料庫、「幾億筆」即時機票價格，以及五億筆訂票紀錄，估算出四種顧客可能特別感興趣的行程內容。與該公司合作的一家旅遊代理商Vayama初步試用beta版的系統後發現，銷售量對查詢量的比率進步了16%。

許多經理人或許都認同，大數據具有實際為線上企業創造價值的潛力；但對於大數據是否有助於其他企業，就不是那麼確定。不過，奇異所採取的行動與實施的計畫，或許能夠說服他們認同，大數據是與自己有關的資源。這家在全球規模極大也極為成功的企業，也是最熱情擁抱大數據的企業——即便它身處工業界。

奇異已在舊金山灣區成立一個專門處理軟體與大數據事宜的中心，也正在找尋大批資料科學家進駐。這些人將會服務於奇異最傳統的資料密集事業，像是金融服務與醫療。但在此我想討論奇異在該公司的發動機、飛機引擎，以及天然氣渦輪等工業應用事業中看到的某些潛在價值。奇異不時會以「會轉動的東西」來描述諸如此類的工業設備，而且也很期盼，絕大多數的這類設備（就算不是全部），不久都能把自己的轉動狀況記錄下來、傳遞出來。

天然氣渦輪是其中一種會轉動的設備，奇異的客戶會用它來發電。奇異已透過某設施集中監控全球多處共計逾1,500座的該公司渦輪，該設施的最大目的在於，要運用大數據改善產品效能。據奇異估計，透過軟體最佳化與網路最佳化、安排更適切的維修時機，以及促進天然氣／電力系統的協同化，至少可以讓這些受監控的渦輪提升百分之一的效能。這樣的成果聽起來或許不多，卻可望在未來十五年中省下高達660億美元的燃料成本。

近來，奇異的許多營收都來自於工業產品的維修服務，因此該公司若能掌握關於這些產品實際使用時的效能、何時可能故障等特定資料，就能讓客戶使用效能更好的產品，並且讓維修的成本效益比最佳化。請想像你正準備為發電廠購買渦輪，你有兩種選擇，一種渦輪是應用大數據下的產物，不但效能持續受到監控，也因為維修時程已經最佳化，不會再有無謂的維修；另一種渦輪，則沒有這些特色。哪一種你會想買？哪一種你會願意多花一點錢買？

奇異目前也研判，這種運用大數據將維修時程最佳化的方式，也適用於其他要價不菲的工業產品上，包括發動機、飛機引擎，以及醫療影像設備。當然，屬於同一產業的其他企業，哪天也可能導入同樣的做法。只不過，以奇異的規模、在應用大數據上的積極投資，以及起步的時程這麼早來看，料想將因而建立起可觀的競爭優勢。

仍有待解的疑惑——而且短期內不會有答案

不過，能夠受惠於大數據的企業，是否只以奇異這類大公司為主？其他公司又該如何因應？目前尚無清楚的結論。正如我們不知道，奇異這些發展自大數據的工業產品與服務，會對奇異與其競爭廠商所處的產業與競爭環境，帶來什麼樣的影響一樣，關於大數據仍然存在諸多不確定性，恐怕得等好一陣子才會漸漸明朗。但此時此刻，我們還是可以想想這些問題。畢竟，做好因應的準備，總比事到臨頭才慌張處理來得好。

例如，我們並不知道，大數據會如何影響組織架構。我們有理由認為，與營運、人事、顧客，以及商業風險有關的大數據出現後，那些集中資源、發展資料分析能力的組織，將因而受惠。在過去解析小數據的時候，已經可以看到這樣的現象；

許多組織都已著手設立由組織的核心團隊統籌的資料分析策略與資料分析小組。假如大數據分散在組織的不同單位手中，要把它們全都集合在一起、理解其意涵，並善用從中發掘的商業機會，就會變得很困難。但由於大數據這東西還很新，我們仍不真正清楚組織架構將因而產生什麼樣的變化。若以我在第八章中將會介紹、已有解析大數據初步成果的大企業來看，大數據和既有資料以及既有的資料分析小組，是整合在一起的。不過在未來幾年裡，這樣的狀況仍可能改變。

我們也還不知道，大數據會如何影響顧客關係。大數據整體的發展方向是，讓企業取得更多關於顧客行為、偏好，以及反感事物的資訊，進而用這類資訊推出更個人化的廣告、產品，以及服務。不過，目前已有證據顯示，顧客不希望企業這麼做——他們對於企業會拿自己的個人資料做什麼事，也深感懷疑。例如，據調查，有68%的美國網友表示，他們不贊同企業利用他們的搜尋紀錄與網站瀏覽紀錄推出個人化的廣告。[18]雖然美國人嘴上說反對這樣的做法，但他們似乎還是很樂於釋出相當程度的個人資訊，換取社交互動（像是在臉書上那樣）或是商品折扣。不過，在未來的某個時點，對於運用大數據、推出個人化的廣告或商品的現象，美國還是可能出現實質性的反撲——可能來自於法令上的限制，或是反應在顧客行為上。在歐盟已經有強烈的聲浪，希望立法規範企業濫用顧客資料。

我看不出美國在法規面會馬上採取什麼行動，但企業在關注顧客的感受時真的要小心，也要注意此舉有可能超出顧客所能容忍的限度，這是我要講的。

我們同樣也不知道，大數據會如何改變管理工作。大數據讓我們有機會往資料導向的決策方式邁進一大步。企業與組織對於商業環境將有愈來愈深的了解，也更能夠透過資料分析——無論是自動解析或是以技術輔助人工解析——取得資訊，據以做決策或採取行動。企業經理人會以多快的速度接受這樣的決策方式尚不得而知，不過歷史告訴我們，他們根本不可能接受。畢竟，小數據的解析已經行之數十年，卻仍有許多經理人依然全憑直覺做決定。而且，在短期內，權力與政治的影響，也絕對不可能從組織裡消失。再者，雖然我朋友艾立克．布林約爾松（Erik Brynjolfsson）與安迪．麥克菲（Andy McAfee）經常談及或寫到，「河馬」（Hippo；此為「Highest paid person」的縮寫）——全公司薪水最高的人——的意見在組織裡已漸漸失去重要性，但是在我造訪的組織裡，這類動物幾乎沒有絕跡的可能。[19]假如你指望哪天權力與政治可以不再影響決策，你很可能要失望了——至少在短期內會是如此。為未來預先規劃好更為資料導向的管理方式固然比較保險，但具體來說，企業會沿著什麼樣的軌跡發展到那樣的地步，就很難講了，而且在不同組織之間，狀況也可能會有很大的差異。

本書內容簡介

本章最後要談的是，雖然我們知道大數據會帶來實質的機會與衝擊，但我們目前仍不清楚，企業與產業受影響的詳細狀況。以下是未來幾個章節內容的預覽（假如其中有某些議題你特別感興趣，你可以跳著看）。

在第二章，我會告訴各位，在某些重要的產業與部門裡，企業及其成員已開始用大數據來做什麼；我也會舉幾種情境說明，在不久的將來，他們可能會如何運用大數據——這或許可以讓大家更清楚知道，大數據這種新資源具有形變的特性。

第三章談的是大數據策略。你的組織該如何判斷，要運用大數據的資源實現何種企業目標？該走資料探索的路線，還是該量產應用？該以多快的速度抓住大數據帶來的機會？

第四章談的是大數據計畫能否成功的一大限制條件——人的因素。我會提到資料科學家必備的技能，並探討「大數據將如何改變管理工作」這個新興話題。

假如你聽到許多關於「Hadoop」與「MapReduce」的資訊，覺得很難搞懂這些術語的意思，你可以直接翻閱第五章，裡頭有著專為企業經理人準備的大數據技術導覽內容。該章除了會談到這些管理大數據用的基礎架構技術外，也會觸及一些在大數據環境下很管用的資料分析手法，像是機器學習與視覺化分析。

第六章會以宏觀角度討論，除了人才與新技術之外，組織還需要什麼，才能運用大數據創造成果。假如你看過我曾合撰的《工作中的資料分析》一書，你應該很熟悉DELTA模式；我會在該章中將之應用到大數據上（在本書的附錄中，我也在略做修改後，把該模式運用到一個用於評估大數據能耐的架構中）。

最後兩章要討論的，是大數據對於不同規模與年齡的組織所代表的意義。第七章會聚焦於我們可以從新創企業與線上企業身上學到的經驗，第八章則聚焦於已有規模的大企業如何運用大數據。我也在該章提出名為「資料分析3.0」的想法，亦即企業如何將小數據的精華以及傳統的資料分析手法，與大數據的手法結合在一起。

在各位用心看完這些章節後，對於個人與所屬組織如何運用大數據，可望建立起通盤的了解。在各章的最後，我會列出一些敦促讀者採取行動的問題，你和你的管理團隊應該自問並回答這些問題，才能善用大數據這威力十足的資源。全書並沒有什麼讚嘆大數據有多麼美好的言論，只是在提供大家一個可以如何運用大數據的觀點。如同我在本章開頭所言，請謹記，重點不在你握有多少資料，而在於你如何運用它。

經理人行動方案

大數據對你和你的組織有多重要？

- 你的管理團隊是否考量過，有某些新型態的資料，可能在現在以及未來幾年裡對公司與產業帶來影響？
- 你們是否討論過大數據這個術語，以及它是否適於描述你們公司目前對於資料與資料分析的應用狀況？
- 你是否已開始調整決策流程，在資料源源不絕下，改採較為持續式的決策方式？
- 你們公司是否已採用更快速、更敏捷的手法分析資料，並根據重要資料及分析結果採取行動？
- 你是否已開始比過去更為關注與事業及市場環境有關的企業外資訊？
- 你是否已投注可觀心力在大數據上？

大數據將如何改變
工作、企業與產業

面對大數據這麼豐富的企業資源，有時會讓人很難想像，它將如何影響組織與產業。因此，本章一開始，我會先介紹企業或產業未來可能因為大數據而面對轉型衝擊的幾種情境。大數據也可能改變許多人在工作中扮演的角色，我設想的情境裡也會提到。雖然讓這些情境實現所需要的技術，今天已實際存在，但我認為，恐怕得要好幾年的時間，企業才會動手建置。主要的困難並非來自於技術本身，而是來自於企業把多個系統整合起來的過程——得先訂出資料規格，才能把所有必要的資料融合在一起——以及企業的變革。

如果你喜歡猜想未來的樣貌，我想你應該會喜歡這些情境。但假如你是執著於現在的人，不妨快速瀏覽過這些想像，直接往下看我所評估的、大數據在重要產業與企業部門所扮演的角色。我寫這幾節內容的用意，都在於讓你相信大數據正在帶來重大轉變，你應該開始思考如何因應。

整體來說，我深信大數據將重新形塑許多企業與產業。例如，以下我列出幾種可能會因而轉型的產業類別：

- 任何運輸人或物品的產業
- 任何向顧客銷售商品的產業
- 任何會用到機械設備的產業
- 任何銷售或使用內容的產業

- 任何提供服務的產業
- 任何擁有實體廠房設施的產業
- 任何牽涉到錢的產業

這並不是很有系統的分類方式，不過我猜想，這份清單已涵蓋所有產業！我會在本章的其餘部分提出更詳細的情境與產業／部門分析，以證明我這裡的粗略分類所言非虛。

四種未來情境

在這一節裡，我會介紹四種未來在幾個不同的產業裡，可能應用大數據的情境。這些情境或許給人一種「只是憑空想像」之感，但很多足以落實這些情境的大數據創新項目，今天其實已經存在了。

商務旅行的大數據情境

一位在安生（Tranquilife）保險公司工作的資訊工程師琳達．彼得斯，準備參加2016年三月的一場商務會議，主題是「龐大得可以的數據，以及它對於保險業的影響」。這是個熱門議題，公司差點就不准她參加，因為安生公司的員工活動系統顯示，已經有其他六名同仁報名了。幸運的是，她成功說服了主管，自己真的需要參加這場會議。

在琳達報名參加會議後，會議的相關資訊，像是舉辦的城市、飯店的地點，以及會議開始與結束的時間等等，就會自動傳到她的行程安排程式中。程式會自動把這些資訊轉給安生公司所選定的出差管理系統。出差管理系統在取得會議的議程與詳細資訊後，會自動為她採取必要的行動。琳達不必做任何事，就能收到一份系統提交給她的行程安排計畫，內容包括：

- 由她所偏好的航空公司所提供的航班，而且已經完成常客升等的手續，也幫她保留好她偏愛的走道座位。
- 已經幫她訂好會議期間每一晚住宿的飯店。
- 已經幫她在機場租好一台自駕車（由於會議的會場設於40哩遠的飯店，出差管理系統比較過這段行程的現行計程車、巴士及租車費用後，做出這樣的判斷）。
- 已經幫她在會議的「自由行程」之夜，訂好該城市最棒的義式餐廳——這是琳達最偏愛的料理類型——而且已經從她在社群網路裡最交好的成員中，幫她挑選了三位可以邀約共進晚餐的不同人選（系統已得知，這幾人也參加了該會議）。琳達只需要按一下平板電腦，就能邀請對方。

由於出差管理系統早已把琳達要去的目的地地址、她所偏愛的空調溫度，以及喜好的衛星音樂電台傳到車子裡，自駕車要把她送抵會場所在的飯店，不會是問題。這輛自駕車唯一讓琳達抱怨的地方在於，過時的法規限定，她必須坐在駕駛座上，這讓她比較不方便操作平板電腦。她也不喜歡規定她不能在自駕車上看電視或電視的法條，她希望未來這些規定能夠鬆綁。

前往會場的途中，琳達在平板電腦上注意到，主辦單位已根據她在企業網路的個人檔案中所列、過去參加過的議程，依照她偏好的學習項目，建議了一些最適合她的議程。此外她也發現，出差管理系統曾建議過她共進晚餐的其中一人不克前來會議，應用程式已經建議她改約第一候補人選。

這場會議讓琳達獲益良多，而且在她離開前，她發現她所參加的議程資料（根據她智慧型手機中的位置定位應用程式確知）已經自動加進她在企業網路的個人檔案中，也加到安生公司的人力資源資料庫中了。其中幾項議程甚至有助於提升她的薪資水準。返回工作崗位後，她收到出差管理系統寄來的一封電子郵件，告知已經幫她將所有差旅費項目——甚至連飯店的小費都幫她估算好了——提交給公司申請報支。在琳達參加的議程中，她認為與公司有關的文字資料與簡報投影片，已經連同她的註解，自動張貼到每位對大數據表達過興趣的員工的個人入口網頁上了。她的註解提及，在大數據出現後，保險業將變得不同於以往，而她出差前往當地、學習即將到來的改變的這次體驗，也一樣不同於以往。

（給存疑者的話：雖然以上這些自動安排出差行程的功能目前尚未實現，但我所訪談的幾位旅程管理專家都說，要不了太久的時間，或許就能實現。我們都知道自駕車已經問世了——谷歌以「大數據計畫」稱之——料想未來將以某種方式融入運輸系統當中。）

能源管理的大數據情境

大衛・拜隆在美國一家大型衛浴設備製造商Bathworks擔任設備暨能源管理師，負責在該公司二十個廠區裡管理設備與能源。公司與他都強烈希望節能，也盡可能運用所有工具、採取所有行動來達成，而且希望不會因而影響到工作環境的舒適程度，以及公司資產的安全。

該公司能源管理的重點之一放在公司的車隊上。針對公司的每一輛車，包括汽車在內（有些是人工駕駛，有些是自駕），都藉由無線網路追蹤。因此，任何時刻，拜隆都知道這些車子的所在地點、當天的行駛距離或總行駛距離、平均速度與最高速度，以及它們如何加速與煞車。駕駛人如果有浪費能源或置自己與車輛於險境的行為，系統會發送電子郵件與簡訊提醒他們。雖然有些員工覺得這樣的監控侵犯隱私，因而拒開公司車，但大多員工，包括所有高階主管在內，都能夠接受這樣的做法。

拜隆與同仁們也會嚴密監控公司的暖氣、通風與空調（heating, ventilation, and air-conditioning；HVAC）系統的能源消耗狀況。他們對於每棟大樓、每個房間裡的溫度、濕度、照度，以及是否有人在場等資訊都瞭若指掌，總計共監控逾兩萬三千處空間。中央控溫系統可以即時調升或調降各空間的溫度，或是開啟或關上窗戶與百葉窗。拜隆的團隊可分辨一處辦公室、一個樓層或一棟建築目前是否有人，或是通風管的風門是否損壞。他們有可供運用的預測模式，可預估夏天時提高某棟大樓溫度的最佳時機，以及在冬天早晨開啟暖氣的最佳時機。由於對工作環境所做的微調，該公司已在三年內節省逾兩成的HVAC相關能源耗用。

拜隆也開發出對於部分次要設備的能源遙控能力，以在一天中或一年中能源成本格外高漲的時段減少能源消耗。影印機、印表機，甚至自動販賣機，都可以在必要時降低其能源耗用。公司也在內部提供電動車的充電設備，在能源短缺或供應費率昂貴的期間，同樣可調降充電費率。

拜隆的團隊已將這些原本各自分離的系統，全部整合到「設備資料營運中心」——位於公司總部後方一棟平凡無奇的建築裡。此地很像是星艦企業號（Starship Enterprise；電影《星艦迷航記》裡的太空船）的駕駛甲板，只不過很少需要有如寇克艦長或史巴克先生（譯按：均為《星艦迷航記》之要角）般的人物管理能源，因為大多系統都是全自動運作。拜隆很喜歡向訪客說明，公司有如在用於管理公司大樓、彼此各異的系統上，鋪了一張「解析毯」一樣。

現在，拜隆正著手研究能源管理的其他領域，但這些部分會實際牽涉到發電技術。他準備在公司許多大樓裝設太陽能與風力發電設備，也正與廠商合擬建議需求說明書。只要知道可取得的風力或太陽光、每天的發電時間，以及能源成本，就能讓這些發電設備的效能最佳化。拜隆知道這想法很棒，但他不喜歡計畫中一些當初只花低成本建立的大數據能源管理工具。該公司現在必須先投入可觀的金錢，才能藉由發電節省成本。

（給存疑者的話：在想出這個未來情境後，我在一份資料中得知，幾家領先企業其實已經在做類似的事了：特別是微軟，已經對外公開在公司內部推動類似的活動。事實上，「解析毯」一詞就是來自那份文件。）[1]

零售業運用影像解析的大數據情境

拉提夏·哈利斯是一家在全美有兩百二十多家分店的連鎖寵物產品及服務店、「寵物托邦」（Pettopia）的資深行銷主管。多年來她一直在想，在與線上寵物商品零售商的競爭中，公司可能處於劣勢，因為對方能夠掌握顧客身分，也清楚知道顧客買了什麼、逛了什麼。寵物托邦推了一個顧客忠誠活動，但很多顧客都沒有參加，公司只能透過顧客使用的信用卡辨識出部分顧客的身分。而且，各分店偶爾會有顧客順手牽羊，從零食區拿寵物零食餵寵物卻沒付錢，雖然比例不大，但仍造成公司的損失。

哈利斯思考後做出的結論是，影像解析是解決這些問題的關鍵，也有助於讓公司與線上業者能夠在同一起跑線上競爭，甚至還能成為公司的競爭優勢。因此，她在各分店引進監視器，並開始發展影像解析程式。這樣的解析是必要的，因為影像內容之多，遠超出光靠人力所能檢視的程度，而且哈利斯也對於在某些層面的應用上能夠迅速得出結果很感興趣。

在寵物托邦發展出來的第一批影像解析的應用中，簡單顧客計數器是其中一種。哈利斯可藉此比對來店顧客數與銷售量，算出轉換率。這資訊可用於了解哪些店員最善於促成交易，在人力短缺時也可以做為配置人力的參考。另外，只要再加上一點延伸功能，系統就能分析出，當員工發現顧客在店裡好像在找什麼商品時，提供協助給顧客的頻率。

不過，這還只是開始而已。下一種應用就更複雜了，而且實際牽涉到辨認來店的顧客身分，甚至寵物身分。將影像與會員卡、信用卡、支票資訊比對，再加上在結帳處詢問寵物名字後，寵物托邦可辨認出九成的顧客與六成的寵物。哈利斯發現，店員主動叫出顧客名字時，可能會讓顧客感到有些驚嚇，但店員如果主動認出他們的寵物，他們都會很開心。因此現在只要顧客帶著寵物一進店門，雙方的名字就會第一時間出現在手持設備上。

哈利斯也投入資源，發展出一種能夠在顧客來店時，察知他們逛過什麼商品（但並未購買）的應用功能。假如公司手上有該顧客的電子郵件信箱，就能寄送「下次來店時購買，或線上訂購該商品，就有折扣」的訊息給顧客，結果這項措施促成了高轉換率。此外，寵物托邦還可以把「哪些顧客在某家製造商的端架陳列（end cap display；譯按：在貨架邊端旁的空間，將同款商品高高堆起，藉以吸引顧客駐足察看的陳列方式）前停留了一段時間觀看」的資訊出售給製造商，讓公司多賺一點外快。

最新近的影像解析應用，是用來解決店內零食區順手牽羊的問題。寵物托邦的影像系統可解讀出，顧客從貨籃中拿取了多少零食，等到該顧客（以及其寵物）來到櫃台結帳時，就直接把數字顯示在畫面上。假如對方是常客而且只拿很小量，公司要求櫃台人員，在首度發現這樣的狀況時不要揭穿；第二次又發現時，只要告訴顧客「你的愛犬似乎很享受那些零食」之類的話就好。假如對方再犯，或是該顧客並非寵物托邦的常客，櫃台員工只要在結帳時直接告知「再加上零食區的四件寵物零食，對嗎？」，並把金額加進帳單即可。有些顧客會大感訝異，不過推動此措施後，公司在寵物零食方面的銷售額增加了5%。

哈利斯已在試用其他影像解析應用，其中一種是辨認寵物是否需要梳理，另一種則是根據對寵物在店內行為的影像解析，提供訓練課程的優惠。她覺得目前還只是在很皮毛的層次而已，針對影像內容的大數據所做的解析，還可以應用在許多層面上。

（給存疑者的話：影像解析系統的能力愈來愈高，只要經過訓練，我在這個情境裡所描述的大多任務，都是能夠完成的。[2]我知道人臉的辨識已經大有進展；狗臉的辨識可能還得再慢上幾年，但似乎是可能做到的。）

家庭教育的大數據情境

賴瑞．迪瑟可是個十七歲的高一生，他的父母知道他天生頭腦不錯，只是他的成績卻慘得可以，他們覺得兒子在學校沒有盡力學習。他們很希望兒子上大學，也很擔心假如賴瑞不再多努力一些，恐怕進不了心目中理想的學校。賴瑞的父母手頭並不寬裕，也很清楚他必須爭取到相當程度的獎學金才能讀得起大學。而且，從他參加幾家頂尖美國大學的獎學金考試的成績來看，他們也很清楚，賴瑞需要有人教導，才能提升大學入學考試的成績，但他們卻又請不起家教。

賴瑞的父母從校方的輔導老師那裡得知，某家補教業者推出一種名為「自動家教」（AutoTutor）的課程。兩人研究過課程內容後，決定訂購幾個月。這樣的花費比起找家教要便宜多了。應考的考生必須學習的內容全以數位形式提供，賴瑞接受指導的進度已經安排好了，自動家教可藉此監控他的學習習慣。

開始採用自動家教服務後，賴瑞和他的父母很快發現，他原本的學習習慣很缺乏效率。例如，系統偵測到，賴瑞太常打瞌睡、劃太多重點，而且整體來說會因為反覆讀相同的段落而學得太慢（這意味著他在學習時沒有集中精神）。不意外的是，系統顯示，賴瑞在讀書時常常一心多用，傳簡訊給朋友、上臉書瀏覽新文、聽他最愛的線上音樂頻道，有時候還打電玩。現在他學習時會採取很嚴謹的態度，至少停止分心去做其中的部分行為。

系統分析他的用詞後判定，科學相關名詞是他的弱項，因此在出作業時會特別提供他相關用詞的訓練。在數學方面，系統診斷出他的代數能力很強，但幾何能力很弱，因此會出一系列的幾何作業給他練習。

SAT考試中也會考寫作，自動家教服務承諾會改善賴瑞的寫作技巧——至少要改善考試中會出現的部分。系統要求他寫一系列的文章，在自動評分後發現，賴瑞的文章在每個段落都沒有把主題句寫好，於是提供他一套用於提升這方面技巧的訓練。

在電腦或平板電腦上每上完一次課，分數改善應用程式就會幫賴瑞估算可能的SAT得分範圍，以及在每一類考題的相對成績百分比。他的預計得分開始出現穩定的進步。

系統也請賴瑞的父母參與學習與改善的過程、提供他們關於賴瑞的行為與進步狀況的忠告，也建議了一些他們可以採取的激勵性干預，藉以促使賴瑞照著系統對他的態度與行為所做的診斷，改善他的學習狀況。和父母討論過後，賴瑞在學校作業方面似乎也開始有所進步。

賴端在兩個月的時間裡，固定使用自動家教的服務，花費遠低於請家教的費用。補教業者與賴瑞沒有任何人與人之間的接觸，他們全家卻都對於成果相當滿意。賴瑞的SAT成績進步了150分（落在自動家教所估算的得分範圍正中間），他也考上了最想就讀的大學。他只希望，等到自己註冊入學之後，還能繼續使用自動家教，提升自己的成績。

（給存疑者的話：諸如補教業者Kaplan、線上大學Capella，以及鳳凰大學〔University of Phoenix〕等機構，已經在做上述情境中提到的某些事了。像是Coursera以及edX等大型線上教育聯盟，也正著手研究提供這類分數估算與學習建議的可能性。我預估來自教育領域的大數據會是未來幾年的一大焦點，賴瑞在情境中的學習方式，將會變得很常見。）

讓這樣的情境成真

這些（我期待能）引發大家討論的情境，或是諸如此類的情境，可能在你們的企業或產業中成真。原始的技術能力不可能會是阻礙它們成真的因素——事實上，正如我寫給存疑者的話中所提到的，這些情境當中的大多面向，今天已經做得到了，至少已經進入實驗或試行的階段。組織最欠缺的，其實是建立及發展這些創新的願景與決心，它們需要足夠的想像、勇氣以及承諾，才能踏上大數據的旅程。無論走的是哪種路線，都必須收集可觀的資料、發展資訊技術、整合系統與資料，並發展資料分析模式。在從事這類活動時，企業可尋求效能更好的新工具協助。這些情境也需要一批夠聰明的人才，花上幾年的時間，才可能成真。有時候還得等待法規改變（像是允許自駕車開上高速公路）。

但這些創新的可行商業模式是什麼——企業如何藉此營利——目前尚未完全明朗。顧客是否需要這類創新，也尚不確定，特別是寵物店的監視器也可能會有侵犯他人與寵物隱私的危險。不過，似乎還是會有部分組織致力於實現這樣的情境，它們也將因而格外成功。谷歌就是這樣，該公司決定要讓自駕車成真，未來將有其他組織納入自駕車，發展出更全面的出差管理能力，因而成功。你希望自己公司當個實現這類情境的建築師與創作者，還是希望公司只是個和這類企業競爭的對手？

適於應用大數據的產業

我在先前所做的研究中發現，某些產業針對結構化的傳統資料所做的分析，已經讓它們在了解事業與顧客關係方面領先其他產業了（見圖表2-1）。領先者——我稱之為「高成就者」（overachiever）——往往是那些身處於顧客導向產業的公司，手邊有許多可供處理的資料，像是第一資本（Capital

圖表2-1　資料與資料分析過去在各行業的應用狀況

資料劣勢者	低成就者	高成就者
醫療機構 B2B公司 工業產品業者	傳統銀行 電信業者 媒體與娛樂業者 零售業者 電信業者	消費性商品業者 保險業者 線上企業 旅遊與運輸業者 信用卡公司

One）等信用卡業者、保險業者、航空公司與飯店等消費性旅遊業者，以及現在已改名為凱撒（Caesars）的賭場業者哈瑞斯（Harrah's）。一些如寶僑（Procter & Gamble）之類的消費性產品業者，就算缺少第一手顧客資料，還是很善於資料解析。網路企業在一九九〇年代中期興起時，亞馬遜、eBay、網飛等有想法的業者，很快就成為資料分析的領導者，因為它們手上有大量的資料可供分析，而它們也都做得很好。我在《魔鬼都在數據裡》一書所做的研究中，稱之為「一誕生就具有資料分析能力的競爭對手」。

至於「資料劣勢者」（data disadvantaged）指的是那些手邊的資料不多，或是雖有足夠資料，卻缺乏完整結構的業者。也因此，這些業者的資料分析能力較為不足。這類機構包括：

- 醫療服務機構，因為電子病歷至今尚未普及，也仍大量以文字形式記錄病患資訊（電子病歷有五成內容為缺乏結構的文字）。
- B2B（business-to-business；企業對企業）公司，因為這類業者的顧客本來就不多，也因而無法拿顧客資料做太多事，才會變成資料劣勢。
- B2B2C（business-to-business-to-consumer；供應商對企業對消費者）公司，這類業者與消費者之間還存在著中間人（像是零售商就存在於消費性產品製造商與消費者之間；醫生也存在於藥廠和病患之間），因而不容易取得關於產品買家或是買家如何購買的完整資料。

- 工業產品業者，這些公司往往屬於身處資料劣勢的B2B企業，手邊沒有太多關於產品客戶的資料。

還有一些產業的資料較多，但只是低成就者而已，因為這些產業裡的企業並未有效運用資料、藉以嘉惠顧客或自己。這類產業包括：

- 電信業者，它們手邊握有大量資料，但出於某些原因並未善加利用（或許因為這類業者都屬受法規控管的獨占企業，或是因為太忙於購併）。
- 媒體與娛樂業者，由於這類公司的決策通常仰賴直覺，也並不明確知道該如何得知人民是否觀看他們的內容，因此成了低成就者。
- 零售業者擁有來自銷售點系統的龐大資料，但大多業者一直以來都只是低成就者；特易購（Tesco）算是高成就者，沃爾瑪百貨（Walmart）某種程度上也算是。
- 傳統銀行握有大量關於顧客如何花錢與存錢的資料，但它們大多是低成就者，不太能夠協助顧客利用這些資訊，或是藉此提供精準行銷內容給顧客。

- 電力業者談論「智慧電網」已有一段時日，但要落實還有很長的路要走；除了展示出很有限的智慧型電力測量設備以及依照每天不同時段計價外，在美國目前幾乎沒有進展。

但隨著大數據的出現，狀況也變得大不相同。許多在過去的資料分析工作中只是陪榜的產業，進入大數據的競賽後，都可能成為領導者——雖然這些產業必須改變自己的行為與心態，才可能做到這一點。隸屬於這些產業的企業，可以在公司或產業裡取得大數據，但落後者必須付出比過去分析傳統資料時還多的努力，才能善用大數據。

接著就來看看，部分這類產業可能如何取得與運用大數據。

醫療業

例如，在醫療業界，安裝於醫院與診所的眾多電子病歷系統，將會產出更多結構性的資料。過去一向都有來自門診的大量文字，主要是出於醫生與護理師之手。只要運用自然語言處理技術，要想萃取文字內容並予以分類，已經愈來愈不是問題。保險業者也擁有大量申請醫療給付的資料，但並未與醫療供給業者的資料整合在一起。假如雙方的資料能整合起來、再加以分類與解析，從中得到的關於病患狀況的資訊，將比現在多上許多。電腦斷層掃描與磁振造影的影像資料，則是另一股龐大的資料來源；目前為止，醫生對於這些資料只是看過就算，並沒有以任何系統化的方式加以分析。對許多病患而言，取得人類基因組資料（每個人至少達2TB）的成本，正在迅速下滑（幾年內就會跌到每位病患只要1,000美元成本）。假如這樣還嫌不夠，還會有來自「連線醫療」（遠距醫療與遠距監測）以及「量化自我」（個人數值監測）設備的大量資料。[3]請想像一下，醫師、醫院可以每天，甚或每小時或每分鐘，就收集每位病患的體重、血壓、心跳、身體活動，甚或精神狀態的資料！一想到資料量這麼龐大，都要腿軟了。總之，醫療業的主要挑戰並不在於如何收集大數據，而在於如何運用大數據。

B2B公司

只與企業往來的業者或許沒有大量顧客，但仍可能擁有大數據的未來。其中一個層面是，不以對手企業為考量，而以在對手企業工作的人為考量，因為這些人才是真正的顧客。有些B2B的行銷人員已著手推動此事，開始記錄對手公司人員的活動狀況。除此之外，大數據還可能來自於記錄雙方的對話、來電服務請求、業務詢價，以及顧客關係中的其他許多層面。最後，既然許多B2B產品與服務都會安裝晶片與感應器以測量其效能，企業將因而收到有關顧客實際使用狀況的大量資料。有了這批資料，B2B公司在運用大數據與資料分析上，就能趕上那些直接對顧客行銷的企業了。

B2B2C公司

這是一群有中間人介於他們與消費者之間的消費者導向企業，前面我是舉消費性商品製造商與藥廠為例。這類業者過去處於資訊劣勢，但進入大數據的世界後，可望迎頭趕上。在這類廠商中，像是寶僑之類的高成就者，已經跨足線上銷售。寶僑稱其線上商店為「eStore」，不但透過它銷售更多產品，也藉此得知關於顧客行為與偏好的資訊。寶僑也和沃爾瑪百貨之類的大型零售商密切合作，分享並分析來自零售業銷售點的大量資訊。其他像是通用汽車與福特汽車等企業，也透過仲介商銷售的汽車業者，在賣車方面或許無法直接面對顧客，但還是能透過信用卡得知許多與顧客有關的訊息。消費性產品製造商已開始運用影片解析的手法更加了解顧客。例如，百事可樂找來影像分析技術供應商RetailNext的「學習實驗室」，幫忙深入了解顧客會在何種因素促使下，從貨架上買走半打裝的百事可樂。未來，藥廠不但可以賣藥，還可以賣設備——像是「智慧型」藥盒或藥櫃——以記錄病患是否按照處方箋規定的時間服藥。雖然短期內藥盒或汽水瓶上還不可能內建感應器，但還是會有很多資料可供分析。

工業產品業者

工業產品業者的大數據可能來自於內建在產品中的感應器與晶片。前面我也提過，奇異一些關於監測發動機、天然氣渦輪以及飛機引擎的計畫（還有正在推動的活動）。曳引機製造商強鹿（John Deere）計劃藉曳引機的感應器與電腦收集大數據；波音公司從出問題的787夢幻客機收集到大量的飛行資料，因而得以更快修復問題（雖然該機型的電池問題，似乎大多都是在地面時發生）；思科系統收集網路效能的資料，就能知道哪種網路參數的可靠性最高；英特爾透過應用程式確知使用者的個人電腦出了問題，必須在當機之前修復或更換——諸如此類的公司，將因而得知所售設備的使用狀況，據以更有效率地提供維修服務，也更清楚產品何時該汰舊換新。這類企業比較可能受惠於前述的B2B大數據創新，以及我後面會談的製造業與供應鏈的創新。

電信業者

正如我前面提到的，電信業者，包括網路服務供應商、有線與行動電信服務供應商，以及有線電視公司，一向都握有大量資料，像是誰和誰聯絡過，誰對什麼內容感興趣，以及誰願意花大錢在網路上。IBM有個預估數字可以讓你知道電信業的資料有多少——每一天，這個世界都會多製造出5200萬GB的行動數據。[4]就連手機的數量也已經接近大數據的層次了：根據科技研究業者Neustar的估算，每個家庭平均持有的手機已達3.8支。[5]但不幸的是，電信業尚未善加利用這些資料。你可能已注意到，無論你是重度用戶還是輕度用戶，電信業者基本上都給所有顧客相同的待遇。有些公司，特別是身處行動電信服務產業的那些，過去都把焦點放在運用資料找出哪些顧客可能不再使用或減少使用公司的服務。少數這類行動服務供應商現在正開始分析顧客的社群網路，其中一種可能性是，藉以找出在「同一掛」的人之間特別有影響力的顧客。不過，和大數據可能在這個產業做到的事比起來，這些業者在做的，還停留在皮毛的層次而已。電信業是少數不必再收集大量新資料，就能在善用大數據之下成功的產業；業者只要好好運用手邊已有的資料即可。我會在第八章介紹，美國最大行動營運商Verizon無線，正在創建藉由出售行動資料發展起來的新事業。

媒體與娛樂業者

大數據將為這個產業帶來眾多機會。雖然過去在資料的應用或分析方面並無太多建樹，但這產業把愈來愈多的產品放上網路傳播，就意味著可藉此收集到大筆資料、了解顧客真正想要的是什麼類型的內容——不但能得知觀眾最愛的電影、電視節目或短片類型，還有更多零碎資訊也等著進來。什麼明星能吸引觀眾？觀眾比較愛喜劇或悲劇？不雅用詞會讓觀眾卻步不看嗎？媒體與娛樂業者目前的「平均勝率」偏低，大多電影都不賣錢，大多電視節目播不了多久就收攤。事情可以不必這樣的。諸如網飛與亞馬遜等企業，在進入內容創造產業時，讓外界認識到，有新的手法可以運用大數據、設計出吸引顧客的內容。網飛在推出原創連續劇《紙牌屋》（*House of Cards*）前，已經確知劇中的導演、演員，以及英國版的節目，早已深受觀眾的喜愛——因此，推出美國版幾乎不必再花太多心力。[6]亞馬遜則是為自家的串流影片服務推出十四款試行程式，並在吸收顧客的意見回饋後，挑出其中五種，實際開發出最終版本。這類運用大數據發展的模式，不久肯定就會感染到其他內容創造業者，特別是這種做法似乎很有效率。

銀行

金融業已開始運用顧客付款與從事金融活動的資料，不過在大數據方面，仍有很大的進步空間。金融活動的管道很多，有些大銀行正著手理解顧客利用客服中心、分行、ATM，以及銀行網站等不同管道滿足各種金融需求的複雜旅程，也開始提供個人化的行銷提案給顧客。不過，我尚未看到有銀行真的運用顧客的金融資料，提出優質的建議、向顧客推薦個人化的金融產品。但我仍然抱持一絲希望，在大數據的時代，我的期盼將會實現。

電力業者

電力產業有很多機會，不過業者得先投入可觀的資金予以實現。運用大數據的可能性包括：決定新發電設備或配電設備的設置地點、電網營運中涉及即時電力管理的決策，以及關於民眾如何用電的顧客知識。[7]目前，多家設備、軟體以及維修業者，都已經有能力提供電力業大數據解決方案，只是少有電力業者善加利用。

雖然我只介紹了幾種產業，但希望已經讓各位建立起「任何產業事實上都將因為大數據而有所轉變」的印象。那些在傳統資料分析的世界裡落後他人的產業，若能運用大數據奮起直追，很可能所有產業都能藉由大數據贏得成功。

大數據對企業各重要部門的影響

除了產業外，組織架構還有另一項關鍵要素，就是企業部門。我會在本節探討，大數據對於幾乎任何大企業的重要部門所帶來的影響。雖然大數據對某些部門的影響比其他部門來得大，但以下我要講的，你可能已經不感意外了——我認為，所有受影響的部門，都同樣面臨善用大數據的大好機會。

行銷

行銷部門過去一向是最常做傳統資料分析的大本營，但面對大數據，行銷部門仍有自我提升的空間。可用於行銷的新資料來源包括：顧客的社群資料、行動資料，以及位置資料。請想像一下，假如我們不但知道顧客在社群媒體上對公司有何看法，還能精準知道他們是在何時進入店裡，會是一件多麼有價值的事。除了這些相對較新的資料來源外，另一點是，許多行銷人員依然尚未全面善用線上資料。今天的行銷人員大多都希望和顧客建立「各種管道無所不包的全方位關係」——也就是希望顧客能夠無縫地從實體接觸點移轉到虛擬接觸點——問題是，很少有行銷人員能實現這麼難以捉摸的目標。他們必須知道，顧客如何從一種管道切換到另外一種管道（像是線上），如何找客服中心解決問題？如何到零售店察看商品？因此，行銷人員在運用大數據時，最主要的重點在於，必須把不同管道的資料整合起來，再予以分析——或許其中有些屬於缺乏結構的大數據，有些則只是較有結構、規模較小的資料。他們還必須從透過眾多管道傳遞給顧客的廣告與訊息當中，精確地找出，哪些真正能促進銷售。這是很複雜的分析工作，但已有軟體可用於分析這類資訊，並據以排定分配行銷成本的優先順序。[8]當然，在行銷人員達成這些目標之前，很可能又出現一兩種新通路了。因此，行銷方面的大數據任務，將永遠不會有結束的一天。

業務

在過去幾年裡，由於顧客關係管理以及來電通報系統的起用，大企業的業務部門已經因而轉變。基本上，企業目前對於業務團隊正著眼的工作項目，以及哪些族群屬於可能成交的目標顧客與潛在顧客，已經有更多的了解。接下來要關注的，將是藉由比對「預估銷售值」與「實際銷售值」，得知業務員對於成交的預估是否夠精確，雖然這會是相對上較有結構的小量資料。業務部門還可能透過智慧型手機與汽車定位裝置，監控業務人員分配其工作時間的實際狀況。雖然這樣的措施毫無疑問可創造出大量有趣的資料，但對於業務團隊來說，可能就是一件討人厭的事了。

供應鏈

供應鏈的流程是最可能因為大數據而轉變的對象之一。藉由無線射頻辨識（RFID）設備監控供應鏈活動，是討論已久的議題，現在總算真的能夠以合理成本實際運用了。只要對卡車與火車進行GPS追蹤，就能更精準預估貨物抵達時間。諸如UPS、聯邦快遞，以及施奈德物流（Schneider National）等運輸業者，都已採用追蹤設備，也愈來愈常藉此監控其運輸網、追求最佳化。例如，我會在第八章介紹UPS最近利用收集自集配車（咖啡色卡車）的資料，重新規劃了送貨路線的架構——在該公司逾百年的歷史中很少如此，這只是第三次。還有其他類型的感應器，可能帶來大量額外的可分析資料及機會。RFID和車用通訊系統的感應器，主要追蹤的是位置，但所謂的ILC（辨識、位置、狀況）感應器，也能透過燈光、溫度、傾斜角度、重力，以及貨物是否遭人開啟過等資訊，監控貨物在供應鏈中的狀況。很明顯，這樣的技術，大大提升了在供應鏈中即時找出可能的問題，以及馬上採取正確因應作為的潛力。關於探索資料分析可以如何應用在促進ILC資料的價值，我們還在剛起步的階段。

製造

也有很多機會可以在製造部門應用大數據。除了成品之外，生產設備也愈來愈常內建會生成資料的感應器了。機械加工、焊接以及機器人設備，都能自動回報自己的運作效能，以及是否需要維修等資訊。這些設備都連上了網，因此可以在中央控制室集中監控。目前盛行的「促進工廠擴大自動化範疇」的趨勢，勢將維持下去，甚至可能加速。

製造工程還可以和應用大數據的供應鏈接軌，以確保產品供給量足以支持製造，而且還可以實現產量最佳化。對此，裝配式生產的業者已有相當進展，但流程式生產的業者（如煉油公司）還看不到相同程度的進展。

人力資源

過去，人力資源一向是最不仰賴資料的企業部門，但人力資源資訊系統與據此所做的資料分析，已開始讓狀況變得不同。人力資源部門在分析員工所在地和通訊資料上，可望取得實質進展。例如，公司在決定興建設施的地點時，難道不用考慮員工在上班日通常人都在什麼地點比較多？不必費心安裝什麼感應器，只要取得員工同意，他們的手機就能提供很好的資訊。假如我們覺得應該促進某兩群員工之間的合作（像是促使產品開發部門多和製造部門溝通），難道不該評估雙方合作的層次與本質？光靠伺服器紀錄，已足以做這樣的資料分析，但很少有組織真正善加利用。要成為未來最出色的組織，勢必得設計出監控員工彼此合作狀況與溝通狀況的系統，而且還要積極使用它。麻省理工學院教授艾力克斯．珊迪．潘特蘭（Alex Sandy Pentland）曾分析過人類的這類行為經由感應器留下來的一些蛛絲馬跡，認為這樣的資訊會是用於重新設計組織與社會的絕佳指南。[9]

策略

策略部門往往要負起在組織裡擬定或支援決策的任務，有時候處理的甚至是最重大的決策。但是在過去，該部門相對來說反倒缺乏用於分析這些決策的資料。策略人員或許可以收集到一些資料，或是外聘策略顧問公司協助，但資料量往往還是很少。現在，假如在做出策略決定時不引用大量外部資料，恐怕是一種失職行為。與這類重大決策相關的大數據，或許就是網路資料了——你可以從中得知這個世界的人說了些什麼，又做了些什麼。有三家新創企業提供做這類分析時的協助：位於舊金山的Quid、位於波士頓的Recorded Future，以及位於以色列的Signals Intelligence Group。其中，Quid分析的是技術相關網路內容的普遍性以及不同內容之間的連結。例如，該公司曾為一家大型資訊產品供應商分析過技術機會，發現仍有未開發的機會存在於生物製藥、社交媒體、遊戲，以及廣告定向這幾項的交集處。Recorded Future公司則是分析網路資料，以了解各種預測與一時性的事件；政府的一些情報單位以及寶僑等企業都使用了該公司的資料與工具，藉以得知哪一些事件可能影響到銷售預測。至於Signals公司，則是運用了取自以色列軍隊組織的法則，把來自寶僑等消費性商品公司、諾華（Novartis）與嬌生等製藥公司，以及科技公司的創新、競爭、供應商關係，以及產品開發等資訊，知會策略人員。[10]簡言之，只有失格的策略人員，才會只仰賴內部資訊或自己過去的經驗來擬定策略。

財會

金融服務業或許是最早擁抱大數據的產業。金融交易商與風險管理業者都是先消化龐大的資訊、從中找出將交易標的買進或賣出的機會，或藉以評估某筆投資或資產的價值減損的可能性。雖然2008至2009年的金融危機顯示，這類分析有時候並不可靠，但在財務金融上應用大數據的趨勢，現在依然在加速。針對大數據所做的分析，可據以找出資產價格上漲或下跌的模式、針對顧客實施行銷活動的機會，或是查察詐騙或洗錢等犯罪行為。在不久的未來，大數據可能在企業的財會部門也會找到一片天空（雖然在早期的大數據應用當中，企業的財會部門算是低成就者）。這類組織也會有金融交易、風險管理、避險，以及其他與資料密切相關的活動。一旦能夠取得更多外部資料，企業的財會部門在評估與特定顧客、供應商，以及事業夥伴合作的風險時，大數據所扮演的角色將更形重要。

資訊

企業的資訊部門常負責儲存與消化大數據，因此未來資訊部門在做自己的決策時，可能也將更為仰賴大數據。該部門在企業資訊系統的可靠性與安全性方面，未來會使用更多用於協助決策的資料。幾乎所有資訊設備，包括電腦、網路設備、儲存裝置——都能傳遞出關於自身效能的資料，資訊人員可以分析與解釋這些資料，據以做出預測。過去，無論是資訊企業或其供應商，都未曾善加使用這類資料，提升日常運作的可靠性與效能；不過，現在有機會可促成此事。「雲端」能力的可取得性，將會加快這股趨勢，因為雲端服務供應商必須記錄與提升服務的可靠性，才能吸引新客戶、留住老客戶。安全性是另一個更需要資料分析的資訊科技領域，組織不能只是在安全出現漏洞時才因應，應該要學會預測安全威脅可能出現在哪裡、可能來自何方神聖。有哪些參數可用於預測某人正準備駭進系統中？過去系統最脆弱的是哪個部分？能夠預估並阻止安全威脅的組織，必然會比那些等到破洞變大才補的組織更為成功。

大數據將帶來的衝擊

我已介紹了一些未來大數據促使重要產業轉型的可能情

境，以及促使企業部門轉型的可能狀況，但還是有許多不屬於此二者的機會存在。分析地方政府在交通、犯罪，以及水力管理方面的資料，可以有何用處？大數據對於農業這種古老但創造出愈來愈多資料的產業，可以有何幫助？當人們住家的氣溫計、冰箱，以及家庭劇院系統變得有智慧、變得數位化，而且連上網路後，生活會有什麼改變呢？針對球員位置或影像畫面所做的大數據解析，可能促使運動項目如何轉變？大數據可能帶來的每一種影響，實在無法說完道盡。

重點是不能故步自封。最近我和某大汽車製造商一位資深研發經理聊，我們談到大數據，我也提及谷歌所推的大數據計畫發展出自駕車、對汽車業造成莫大衝擊一事。我問他，他們公司是否也在推類似計畫，他回答我：「那件事就留給谷歌去做。」

這樣的反應可能大錯特錯。假如大數據即將促使企業所處的產業轉變，難道企業只能被動接受，不該參與轉變的過程嗎？很多企業都因為那種故步自封的心態而遭逢失敗的命運。企業若想在大數據的時代裡取得先機，就應該在公司內部深入討論這樣的新工具對產業與公司所代表的意義，以及公司應如何因應。袖手做壁上觀，只會置自己的工作與組織於險地。

經理人行動方案

大數據將如何改變你的組織？

- 你是否想像過任何一種大數據在未來可能改變你們產業、商業模式或顧客體驗的情境？
- 目前貴組織是否有任何專人負責關注與事業相關的大數據發展，並將資訊知會高階主管？
- 你是否考量過大數據會對貴企業重要部門帶來的影響？
- 貴公司的高階管理團隊是否定期討論大數據和資料分析在公司內部扮演的角色？
- 你是否曾將任何這樣的想法或討論內容付諸行動？

第三章

發展大數據策略

假設你開始對大數據的潛質感興趣，也希望能在所屬的企業與產業中運用它的潛力，首先你會做什麼？為資料中心購置Hadoop伺服器叢集？找一群資料科學家進公司？把有史以來所有網路資料都複製下來、存到資料中心裡？

且慢！第一步，你得先思考一下，要在企業的哪個層面應用大數據。我提到過的其他戰術性步驟固然重要，但別擔心，有的是時間執行。最重要的一步還是要決定某種大數據策略。你必須找來高階管理團隊成員，開始討論大數據能為公司做些什麼，以及在諸多可能性當中，你選擇落實哪一種。在流程的一開始，你應該先認真想想，你希望應用大數據實現什麼目標。

你希望應用大數據實現什麼目標？

和許多新資訊技術一樣，大數據可望大幅降低成本、大量縮短用於完成某項運算作業的時間，或是用於發展新產品與新服務。但也如同傳統資料分析一般，大數據也能夠用來支援內部事業決策。你追求的是哪種效益？大數據背後的技術與概念，可望協助組織實現多種不同目標，但你得先稍微聚焦一些——至少在開始的階段。選擇組織要藉由大數據實現的目標，會是一個極為重要的決策，因為這個決策不但決定了可能的成果與成本效益，也決定了發展的過程——誰來帶領計畫？組織的哪些區塊適用？如何管理該計畫？

降低成本

假如你主要關切的是降低成本，你可能已知道一項事實：透過Hadoop伺服器叢集（Hadoop是一種為跨伺服器的大數據設置的統合儲存與處理環境；第五章會有詳細說明）之類的大數據技術，現在只要很低的成本，就能做到MIPS（每秒百萬條指令——意指電腦系統處理資料的速度之快）或是存放多達TB的結構化資料。就拿某家公司過去與現在的狀況相比較，要存放1TB的資料，每年得花37,000美元在傳統的關聯式資料庫上、5,000美元在資料設備上，但Hadoop伺服器叢集卻只要2,000美元，而且在大多狀況下都能以最高速度處理資料。我會在第八章再舉其他數據為例，同樣也是大幅節省成本。

當然，這樣的比較並不完全公平，畢竟較傳統的技術可能或多或少比較可靠、安全，也比較容易管理。而且，為建置Hadoop伺服器叢集以及所有相關工具，你可能必須找幾個薪資不低的工程師與資料科學家幫忙。零售業者GameStop決定不採用Hadoop技術，理由是該公司不想訓練工程師使用該軟體，也不想找顧問前來協助。[1]但假如這些事情不是問題——例如，你可能已經握有必要的人才，而且你要應用的層面不需要太高的安全性——那麼透過Hadoop技術運用大數據，對公司來說會是很划算的一件事。

假如你現在關切的重點就是降低成本，那麼決定引進大數據工具，就是個相對直截了當的選擇。會做這種決定的往往是資訊業者，出於技術面與經濟面的考量。只需要從總成本法的角度，確保已針對成本議題做了廣泛的探討即可。你可能還想找某些用戶與贊助人一起討論以這種儲存方式管理資料的優缺點，但這樣也夠了。沒必要再深入討論產業的未來。

例如，美國某大銀行就是以降低成本為主要目標。事實上，該銀行過去就以喜歡嘗試新技術知名，但也如同近來許多這類機構一樣，該銀行已變得較過去保守些。目前其策略在於以低成本做好營運，因此所擬定的大數據計畫，也必須符合這樣的策略。該銀行推大數據計畫有幾個目標，但最主要的目標是「希望大幅提升運算能力，而且要盡量節省成本」。他們購置了包括50個伺服器節點與800個處理器核心在內的Hadoop伺服器叢集，足以處理1PB的資料。據估算，與傳統資料倉儲比起來，頂多只要十分之一的成本。該銀行的資料科學家——雖然大多都是在這個頭銜熱門起來之前就找進來的——目前正忙著把既有的資料分析程序，轉換為執行Hadoop伺服器叢集的Hive腳本語言。據專案經理表示：

在我們目前的狀況下，把焦點放在這件事上是放對了。金融服務中的非結構化資料原本就很少，因此我們就從結構化資料下手。考量到我們公司的技術現況及成本壓力，短期內一直到中期，我們會把大多心力放在務實的事情上——很容易計算投資報酬率的那種。我們必須暫時自行籌措大數據計畫的經費，也一直在告訴自己，我們在做的並不是「只要建好了，他們就會出現」(build it and they will come；譯按：語出1989年由凱文柯斯納主演的電影《夢幻成真》〔*Field of Dreams*〕，劇中主角相信，只要把夢幻棒球場建好，球星就會一如夢想前來比賽）那樣的事，而是努力在既有事業中，以更快的速度建立各種模式，而且是以較少的成本就做到。雖然這種做法在心靈上比較不那麼讓人振奮，卻可以維持得更長久。我們期望，隨著時間過去，我們能創造出更多價值；也期盼在未來的某個時候，公司會給我們更多自由，去探索更有趣的事物。[2]

假如貴公司的狀況和這家銀行很像，或許你也會想把主要焦點放在降低成本上。只要你能如雷射光束般聚精會神地集中心力在這個目標上，不受其他大數據計畫可能有的甜美果實所引誘，將會有助於確保你的計畫成真。

降低成本也可以是已達成其他目標後的次要目標。舉個例子，假設你的首要目標是運用大數據推出創新的新產品與新服務，那麼在達成該目標後，你可能希望研究一下如何能把成本再降低。全球廣告巨頭WPP的子公司、負責媒體採購的GroupM，就屬於這樣的情形。[3]該公司是全球購買媒體最多的機構，也引進了大數據工具，以追蹤哪些人在哪個螢幕上觀看了內容。這樣的做法很好，但唯一美中不足的是，GroupM在全球有120個辦公室，每個辦公室都有自己的一套解析大數據的獨特手法。假如該公司允許各辦公室建置自己的大數據工具，每個點至少得花百萬美元的成本。

GroupM預計由紐約辦公室集中提供大數據服務，而非這種高度分散式的做法。該公司將鎖定全球二十五個市場，所耗費的成本預計只需要分散式架構下的三分之一強。未來幾年裡，隨著過去為大數據試採分散式架構的公司開始控管成本，我們應該會更常看到這種採集中式架構的手法。

縮短時間

在企業希望運用大數據達成的目標中，第二常見的是「縮減執行某種流程的必要時間」。梅西百貨（Macy's）的商品訂價最佳化應用程式，就是一個很典型的例子，可以說明原本得花上幾小時甚或幾天時間，才能完成的複雜且大規模的資料分析與計算過程，有可能縮短到只要幾分鐘到幾秒鐘。過去，該連鎖百貨得花費27小時以上，才能將7300萬件商品的價格最佳化；現在，卻縮短到只要一小時多。軟體供應商SAS把這種應用程式命名為「高效能運算分析」（high-performance analytics, HPA）。HPA很明顯讓梅西百貨得以更頻繁重新訂定商品價格，以因應零售市場瞬息萬變的狀況。例如，理論上，零售業可根據每天的天氣狀況重新訂價（雖然電子標籤可以更容易做到此事！）。

這款HPA應用程式會從Hadoop伺服器叢集中取出資料，將之放入其他平行運算以及記憶體內建的軟體架構中。梅西百貨也表示，因此節省了七成的硬體成本。梅西百貨網站的資料分析副總裁可侖．托馬克（Kerem Tomak），正運用類似的手法，縮短提供行銷資訊給梅西顧客的時間。據他表示，節省下來的時間，可用於執行更多不同模式：「現在利用細項資料分析，可以產出幾十萬種模式；過去使用集合資料分析時，只能產出十種、二十種或一百種模式——我想這是我們採用高效能運算後最大的不同了——目前做得到的事與未來做得到的事，會很不一樣。」[4]托馬克也會使用圖像解析工具，再分析從大數據中得到的成果，這在應用大數據上是很常見的。

另一個例子是一家金融資產管理公司，過去其研究分析人員一次只能分析一檔由某城市或某公司發行的債券，並根據二十五項參數做風險分析，最後可能得到一百種不同模式的統計模擬結果。但如果能使用一百項參數得出一百萬種模擬結果，分析的成果會更好，只不過三年前還做不到這一點。現在，只要利用大數據設備，短短十分鐘就能完成最鉅細靡遺的分析、得到幾兆種的計算結果。

該公司資訊長提到這種做法的效益：「主要好處在於，探索的過程變得十分快速。分析人員建立模式、予以執行、觀察成果後，假如不滿意某個部分，可以馬上修改，總共在一分鐘內就能完成。過去，這樣的循環，就算真的要做，也得花上八小時的時間。現在，研究人員在分析時的思維變得更為連貫，而這也意味著研究品質的向上提升。」[5]

如果貴公司主要對於縮短時間感興趣，你必須與所有相關事業流程的領導人更密切合作。關鍵問題在於，你想把流程中省下來的時間拿來做些什麼？一些令人敬佩、一切以公司為優先的答案包括：

- 這樣我們就能跑更多模式，也更為了解在幾個重要領域的效能驅動因素。
- 這樣我們就能更為頻繁地反覆執行模式並予微調，以得出更好的解決方案。
- 這樣我們就能採用更多參數與更多資料，把即時運算的結果提供給顧客。

- 這樣我們就能更迅速因應環境中的各種偶發事件。

至於不理想的答案（至少從公司的嚴謹角度來看）包括：省下來的時間可以拿來打更多高爾夫、喝更多咖啡，或是更有空好好坐下來享受豐盛午餐。

發展新產品

以我之見，組織運用大數據所能做的最有企圖心的事，莫過於用它來發展以資料為主的新產品或新服務。LinkedIn是做得最出色的組織之一，該公司藉由大數據與資料科學家，開發出種類廣泛的產品與網站功能。這些新東西為該公司帶來數百萬名新顧客，也有助於把這群顧客全都留住。

另一個足以和LinkedIn匹敵、在應用大數據開發產品或服務上競逐第一名地位的是谷歌。這家公司當然會運用大數據，改進核心搜尋的效能，以及廣告服務的演算法則。谷歌不時會開發出，把大數據演算法則應用到搜尋功能上或廣告版位上的新產品或服務，像是Gmail、Google+，以及多種Google應用程式等等。如同我在第二章出差行程管理的模擬例子中提到的，谷歌以「應用大數據的成果」形容其自駕車。[6]像這樣發展出來的產品，雖然有一些以成功收場，有一些中途喊停，但已經沒有哪家企業像谷歌這麼多產、開發出這麼多東西的了。

我們還能在許多線上企業與實體企業身上，看到這樣的例子，雖然主要還是出現在實體企業身上。奇異的大數據應用，主要鎖定在改善服務上——雖然還有其他目標——希望能讓工業產品的維修契約與維修頻率最佳化。不動產網站Zillow開發出估算房價的Zestimate系統、估算租金的Zestimates系統，以及全國房屋價值指數。網飛為資料科學小組舉辦了網飛大獎活動，藉以找出向顧客推薦電影的最佳演算法則。我在第二章也提過，該公司正運用大數據製作原創節目。補教業者Kaplan開始運用大數據，提供有效學習的建議與應考策略給顧客。諾華藥廠應用大數據時，則把焦點放在業界所稱的「資訊學」（informatics）之上，藉以開發新藥。該公司執行長約瑟夫・希梅內斯（Joseph Jimenez）在一次專訪中表示，「從目前可以取得的龐大資料來看，生物資訊學方面的能力會變得非常重要，在龐大資料中找出資訊、理解資料的能力，也同樣重要——例如，有哪些特定突變會導致某些種類的腫瘤。」[7]這些企業在應用大數據上的努力，都是直接聚焦於產品、服務，以及顧客上。

當然，這對於企業應用大數據的軌跡，以及發展新產品的流程與速度來說，都說明了一些事。假如某組織認真想要運用大數據發展產品或服務，就必須為此建立平台——要有工具、技術，以及善於應用大數據開發出新東西的人才。可能也需要某些用於在提供這些新產品給顧客之前，先做小規模測試的流程。很明顯，任何人若想開發出源自於大數據的產品和服務，都必須與產品開發團隊密切合作，或許和行銷團隊也是一樣。這些計畫可能會需要事業領導人的支持，而非只是技術人員或資料科學家的支持。

把應用大數據的焦點放在產品與服務的創新上，也意味著你的努力必須接受財務數字的評估。基本上，外界都視產品開發為投資機會，而非省錢的機會。既然把應用的焦點放在開發新東西上，或許你無法省下很多金錢或時間，卻能為公司增加大筆營收。

支援內部事業決策

傳統小數據分析的主要目的，在於支援內部事業決策。你該提供什麼給顧客？哪些顧客最可能在不久後琵琶別抱？倉庫裡該放多少存貨？該如何為商品訂價？

這些類型的決策，同樣與大數據有關，而且還有較缺乏結構的新資料來源可以應用在決策上。例如，大型醫療保險業者聯合健保（United Healthcare），就把應用的層面鎖定在顧客的滿意度與流失率上。許多公司都曾利用小數據衡量與分析過這兩項重要數值，但許多關於顧客感受的數據都是未結構化的，大多都埋藏在顧客致電給客服中心時，留下的錄音檔裡。

顧客滿意度對於醫療保險業者來說日漸重要，因為美國各州與聯邦政府部門都會監看其數值，美國消費者聯盟（Consumers Union）也會公布數字。顧客打給客服中心的電話固然是寶貴資料，但在過去，該公司根本無法分析它。

現在可不同了，聯合健保正著手將來電錄音檔轉成文字，並利用自然語言處理軟體（一種從文字中粹取出意義的方式）予以解析。解析過後，可找出（雖然這並非易事，畢竟英文這玩意變幻莫測）哪些顧客使用了顯示出強烈不滿的字眼。該公司可據以採取某種干預行動——或許是致電給顧客徵詢不滿由何而來。這樣的決策和過去一樣，都是要找出感到不滿的顧客，只不過使用的工具不同。

據我的了解，富國銀行（Wells Fargo）、美國銀行（Bank of America），以及發現（Discover）這三家大型金融服務公司，也正著手利用大數據，了解顧客關係中某些過去無法了解的層面。在該產業，以及包括零售在內的一些產業，最大的挑戰在於了解公司在多個不同管道的顧客關係。這幾家公司會檢視顧客在各個網站、各大客服中心、各個提款機，以及其他分行行員之間四處遊走所構成的亂無章法「旅程」，藉以了解顧客在公司內部的不同據點間移動的路徑，也了解這樣的路徑對於顧客棄你而去或顧客購買特定金融服務造成何種影響。

顧客在多種管道間移動的旅程中所囊括的，都是一些未結構化或半結構化的資料來源，包括網站點擊、交易紀錄、銀行本票，以及來自客服中心的語音記錄。資料的數量非常龐大——前述的其中一家銀行就高達120億列。這些銀行已開始釐清一些常見的旅程，還為不同區段標上名稱，以確保與顧客之間都能有高品質的互動，並把旅程連結到向顧客行銷的機會上，或藉以找出待解決的問題。這些由問題與顧客的決定構成的資料，分析起來很複雜，但潛在的效益是很大的——據其中一家銀行估計，效益達50億美元。

一些傳統中會運用資料分析的領域，像是供應鏈、風險管理或訂價，也一樣可以運用大數據做企業決策。這些問題之所以比較仰賴大數據解決，而非仰賴小數據處理，原因在於可引用大量外來資料、提升分析品質。例如，在供應鏈的決策中，企業愈來愈常運用外部資料評估與監控供應鏈風險。外部的供應商資料可用於補強關於供應商的技術能力、財務健全性、品管、交期可靠性、氣候與政治風險、市場名聲，以及商業慣例等事項的資訊。最先進的企業不但監控供應商，連供應商的供應商也一併監控。

在監控其他型態的風險方面，企業可選擇監控來自網路的大數據。例如，我先前已提及一家名為Recorded Future、專門分析網路大數據的公司。針對來自情報單位的顧客，該公司會協助監控人（已知的恐怖組織疑犯）、活動（示威抗議或暴動），以及各種預測（關於政府動盪）；針對來自企業安全部門的顧客，該公司會協助監控抗議或政治動盪；針對企業行銷部門的顧客，該公司會協助監控競爭活動與事件，或是可能影響到需求的一些預測。

過去，對於競爭情報與市場情報的判斷，是一種比較仰賴直覺的活動；但大數據已開始改變其實務做法。假如能取得更多詳細資料，並做更有系統的分析，必能提升策略決策的品質。代客監控產業中市場活動的Matters公司執行長喬伊・費茲（Joey Fitts）解說道，「過去的市場與產業情報，多半只是一些公司目錄而已，只告訴你這些公司是何方神聖，像是實體地址、電話號碼、美國產業標準分類碼SIC、信用分數等等；但現在我們已經能夠解讀各組織在市場中的所作所為。一些過去隱藏的市場因子，現在都變成透明資料，我們就能據以分析趨勢、推動標竿學習、做市場區隔、建立模式，或是提出建議。資料比過去廣泛多了，規模也龐大多了，而且還更為即時。企業現在可以搶占領導地位，而非只是純粹因應。」[8]

例如，某家居領導地位的軟體供應商，希望更深入了解與之競爭的軟體平台與自己的平台，合作夥伴的支援情形。該公司找了費茲所領導的Matters公司協助，幫忙抽絲剝繭、解讀關於夥伴關係與平台支援的未結構化資料。資料顯示，競爭對手爭取到的合作夥伴關注和平台支援，是我方的三倍。從顧客的角度來看，這意味著在競爭對手的周邊，由合作夥伴的服務所構成的生態系統，包括技術諮詢服務、評估、建置、應用、解決方案、技術擴增與支援等等，會比我方所能夠提供給顧客的東西要來得豐富。得知這樣的情形後，該公司領導人追加編列了一億美元的預算，要把雙方在合作夥伴上的競爭差距補上。該公司得以運用同樣的一套工具監控自己對於合作夥伴數量的相對影響力，也看到了隨著時間過去，自己已經慢慢消弭雙方的競爭差距了。

訂價是企業較早應用資料分析的層面，也用得很成功。例如，幾乎任何一家航空公司與連鎖飯店，現在都會使用訂價最佳化工具，決定某個機位或房間的最佳價格。一開始，訂價最佳化只仰賴內部的結構化資料，內容只有哪些商品較為暢銷的歷史資料而已。這部分的資料目前還是很重要，但PROS之類的訂價軟體業者，現在常會在演算法則中加入較不具結構化的外部資料。例如，PROS在石油業的某家顧客，可以把氣象資料（影響消費者需求）以及競爭者的價位（這常可在網路上查詢到）融入訂價的演算法則中。

資料探索與量產應用

與分析大數據有關的活動主要有兩種，依照其涉及的發展階段粗略劃分。一種是資料探索，也就是發掘資料的內容，以及設想它可能用來為組織創造何種效益。另一種則是量產應用。

資料探索

長久以來，資料探索一直都是傳統資料分析的工作之一。但大數據帶來的管理挑戰與商業機會，格外凸顯出這項活動的重要性。進入大數據時代後，資料探索會比量產導向更需要不同於以往的技巧、組織、工具、財務考量，以及文化特質。

資料探索的工作，絕大多數都由各事業單位負責，而非由資訊部門負責，基本上是交由創新、產品開發，以及研究的專人處理。有些公司會讓這批人組成「資料實驗室」或「資料分析沙盒」，或是以類似方式命名的小組。他們通常會出現在組織裡資料最密集的事業單位，像是銀行的線上或銷售管道部門，或是零售暨消費性商品業者的行銷部門。他們熟悉最新工具，知道如何利用資料設計實驗並予以觀察，而且不畏失敗。在外界眼中，資料科學家大概就是這樣的人。

所有創新人員都需要這種學習與擁抱失敗的文化。雖然對某些組織來說或許很難培養，但它們勢必得學會如此，而且必須為資料探索活動編列預算，就算這種活動可能不會立即有回報，或是只有無從衡量的回報。雖然企業應該容忍失敗與實驗過程，但並不表示應該任由資料實驗室成員為所欲為。前貝爾實驗室資料分析員湯姆·雷曼（Tom Redman）就認為，資料實驗室的組織與文化規範，應該會類似幾十年前的貝爾實驗室：

- 貝爾實驗室成功的祕密在於一次工作半天的時間。但最棒的一點是，這12小時的工作你可以自由選擇要在什麼時候做。
- 貝爾實驗室成功的祕密在於擁有出色的想法。每幾年有一個好想法就夠了，但必須要能改善電話服務，而且必須真的很出色。
- 在貝爾實驗室當個好管理者的祕密在於找對人、給他們所需的工具、向他們點出正確方向，然後放手讓他們去做。[9]

資料探索最後會得出某種想法——可能是新產品、新服務、新功能的概念，或是既有模式可以再改良的假說（但要有證據支持）。多半時候都是漸進式的改良，而不是驚人的突破；相對來說，探索的規模往往是比較小的。探索的結果可能是找出某種更能夠確知顧客即將流失，或是更容易鎖定行銷對象的新指標。假如能持續探索下去，而且有好人才的投入及組織文化的支持，最後一定能有大發現。

量產應用

大數據的量產應用階段，說穿了就是大量使用在探索階段發掘出來的應用方式。這可能意味著把新資料與新計算方式整合到既有的訂價演算法則中，或是把beta版的新產品功能提升為完整功能。必須具備規模、可靠度、安全性，而且要注意到顧客、合作夥伴，以及監管單位所在意的惱人事項。

當然，並非所有在資料探索中得到的想法，都非得進入量產應用的階段不可。並非所有想法都適於組織文化或流程，或是能帶來明確的效益。假如你把高達一半的探索結果都送進量產應用階段，或許就太過放縱了點。

但如果沒有讓足夠的探索計畫進入量產應用，又可能會有不知為何而戰的問題。例如，最近我到一家醫療組織採訪，該單位完成了許多大數據探索計畫，收集諸如醫師診斷書、放射影像、病患行為等資料，並予分析。雖然其中很多計畫都有不錯的發展潛力，但該組織的電子病歷（electronic medical record, EMR）系統只適於收集異動資料，要把資料叫到系統外分析時，功能卻很有限。每次試著做這件事，都得耗費大量的時間、金錢，讓人深感挫折。因此，資料探索計畫根本很少能夠進入量產應用階段。該機構很清楚，讓探索結果進入量產應用階段的機制有問題，目前已投資許多經費在EMR系統上，但迄今尚未分配資源與時間，成立企業級的臨床資料倉儲。

要讓大數據進入量產應用的階段，負責的人員也必須具備一些重要能力。負責量產應用的人，和負責資料探索的人，需要具備的條件還不到截然不同的地步。負責量產的人員，應該還是得對資料分析有某種程度的了解，只不過他們還另外需要一些不同的技能。他們應該要善於把新應用或新的軟硬體能力整合到既有架構當中，也應該要善於促成應用效能的最佳化。這樣的人最可能在資訊部門找到，而非一般事業部門。這些人必須熟知資料管理與資料治理，以及系統穩定性等事項。很明顯，企業絕對不會希望每天都在更換量產應用的項目，或是把不管用的新功能安裝進去，因此這些人也必須做好測試與發布的管理工作。諸如此類的「資料實地查核」工作，很容易影響到推動的速度。資料探索人員也很容易因而感到挫敗。不過，至少某種程度的慎重還是必要的，畢竟你總不想釋出仍有一堆臭蟲尚未去除的應用程式吧？

當然，量產應用並非只是純粹的技術性議題。就算你在某重要事業流程中找到做決策的新方法，在人事與組織方面同樣有一些必須配合改變之處。例如，假如你要改變訂價時的演算法則，你必須讓銷售團隊能夠接受。假如你提出新演算法則供存貨最佳化之用，你也必須確保倉庫管理人員真的願意使用。快遞業者UPS正著手改良送貨路線最佳化的決策，他們發現，相較之下，資料與資料分析的議題好處理多了，但是要讓公司數千名司機接受新工作方法，可就沒那麼容易了。

規劃兩類大數據計畫的最佳比例

簡言之，看了第二章與本章後，你應該已經體認到，大數據有許多可以應用的層面。絕大多數的大企業，都應該運用大數據多做點事。但你該如何規劃前述兩類大數據計畫的最佳比例？你打算應用在對外銷售的產品上，還是內部決策上？你希望追求降低成本、縮短時間、利用資料開發產品與服務，還是想強化既有的決策流程？在這幾種可能產生效益的層面中，你現在處於資料探索階段，還是量產應用階段？或者，大數據的潛在好處是否重要到你應該同時在多個層面應用它？

這些問題都源自於本章的前面幾節內容。如圖表3-1所示，可將問題整理為由不同目標與不同階段構成的大數據應用矩陣。每一種目標，都可以在資料探索或量產應用階段處理。例如，假設目標在於運用大數據技術降低成本，則相對應的資料探索活動，便涉及透過小規模測試或概念驗證，檢視Hadoop伺服器叢集或相關技術，是否有助於為公司省下更多錢。既然已確知目標在於節省成本，你應該會希望進行總持有成本法（total cost of ownership, TCO）的調查，成本中也包括

圖表3-1　大數據的目標與階段

	資料探索	量產應用
降低成本		
加快決策速度		
提升決策品質		
產品或服務創新		

程式撰寫與建置大數據環境所需之人力資源成本在內。假設調查得出正面結果，你就會大規模把Hadoop伺服器叢集拿來做某些量產應用。

再舉另一個例子——一個更有企圖心的例子。假設你想利用大數據重新設計某些產品與服務，或至少加以大幅改良，你當然必須判斷，把應用的目標放在產品或服務上，是否會比較有意義。而且，你也必須決定，哪些產品或服務可能產生大數據。例如，奇異就把焦點放在「會轉動的東西」（像是渦輪與發動機）上，藉以取得維修資料。由於維修服務是奇異的最大營收來源，聚焦於改善維修流程及方式上，便是很容易的決定了。平心而論，奇異在這方面仍處於資料探索模式，也正在集合實現該計畫的人才、構築基礎架構。不過，該公司已藉由感應器收集到大量資料，料想再過不久就能讓發展自大數據的服務進入量產應用。奇異已開始提供「工業網路」（譯按：

由奇異提出的概念，意指結合工業設備、感應器、網路，以及收集與分析大數據的工具，提升生產效率，甚至創造新產業）軟體及分析平台給其他企業，甚至發展出「Predicity」與「Datalandia」等新名字做為行銷之用。你可以想像，這種力推的手法很花成本，所以奇異才會投資幾十億美元在這上頭。

圖表3-1的矩陣中，每一格都不是互斥的——雖然組織在應用大數據的初期階段，最好還是先聚焦一些比較好——而且基本上，資料探索當然會先於量產應用。以奇異為例，該公司也同時在研究，運用大數據技術降低成本與縮短時間的可能性，雖然他們大數據計畫的主要焦點，還是放在工業產品的服務創新上。

在旅遊業居領導地位的旅遊資訊發布商阿瑪迪斯（Amadeus），則是另一家多管齊下的企業。該公司高層提出事實證據表示，早在大數據還沒這麼熱門時，他們就已經在使用大數據了。該公司設於德國埃爾丁（Erding）的資料中心，目前每天要管理約3.7億筆旅遊交易，並處理250萬筆預約。系統在任何時刻，都有大約5600萬個可供乘客訂機位的電腦代號（PNR）。[10]

隨著旅遊選擇愈趨自由與複雜，旅客也需要更多協助，引導他們做選擇。因此，阿瑪迪斯應用大數據的主要重點在於，簡化搜尋程序，以及將適於顧客的旅遊選擇，更精準呈現在他們眼前——換句話說，就是產品與服務的創新。我已在第一章提及該公司的Featured Results服務，但他們也同時在推動其他計畫。

除了用大數據發展產品與服務創新外，阿瑪迪斯也在前述矩陣中投入其他層面的發展。該公司的資訊部門已經花了好幾年的時間建置大數據技術——包括非關聯式資料庫、開放原始碼資料管理工具，以及分散式商品伺服器基礎架構——目標是既降低成本，又縮短回應顧客的時間。阿瑪迪斯回應顧客查詢的時間約為300毫秒，資訊工程師希望未來在資料更為龐大時，仍舊能維持這麼快的回應速度。最後，阿瑪迪斯也正與客戶合作，用大數據提升決策品質。例如，該公司與航空公司合作，試推不同版本的網站，希望實現網站最佳化。此外，也研究旅客的一些偏好，像是喜歡哪種訂位管道、在機場喜歡自動報到還是人工報到、行李托運時間，以及許多其他事項。除運用系統中的旅客與航班紀錄外，阿瑪迪還收集了旅遊相關的五十種資料，把這些不同類型的資料結合在一起，希望能提升決策效率。

誰該負責些什麼？

正如我先前所提，不同類型的大數據應用目標與階段，需要不同的角色與技巧。在圖表3-2中，我在前面所舉的目標／階段矩陣裡，為每種組合加入了可能的負責人員。例如，以改善或加快決策為目標的大數據計畫，或許該交給熟知事業、與決策者親近的資料分析人員負責。不過，這類計畫的實際量產應用，就必須交給負責做這項決策或執行這項決策的高階主管處理。這裡所列的職責分配只是提供參考，並非絕對。

要在哪個領域應用大數據？

你該在公司內部的哪個領域找尋成功運用大數據的機會？大多組織都會採雙管齊下的方式來做這個決定。其中一種方式是從資料的角度切入，看看可能可以如何運用它。你現在坐在

圖表3-2　大數據計畫的職責安排

	資料探索	量產應用
降低成本	資訊創新團隊	資訊工程與資訊維運人員
加快決策速度	事業單位或部門之資料分析團隊	事業單位或部門之高階主管
提升決策品質	事業單位或部門之資料分析團隊	事業單位或部門之高階主管
產品或服務創新	研發或產品開發團隊	產品或產品管理人員

有機會形塑企業策略或促使企業策略轉變的資料金礦上嗎？假如你們是一家保險公司，或許你手邊握有大量尚未分析的理賠資料。假如你在消費者銀行服務，公司毫無疑問會握有關於消費者付款的大量資料，只是尚未善用。假如你屬於製造業，公司可能會有製造設備所傳來的資料，只是你尚未用來促成製程最佳化而已。大數據技術出現後，才讓我們首度有機會分析部分這類未經利用的資料，這也將對事業帶來莫大影響。

另一種找尋應用機會的方法是，從「公司有何需求」的角度切入，而非從「資料能提供些什麼」的角度切入。這是一種由來已久的策略規劃方式，具體做法是檢視公司的企業策略，以及公司有沒有什麼目的、目標或計畫，能夠透過大數據的應用，而得到更多進展。例如，假設你們公司的策略強調的是「把預測與因應顧客需求的工作做得更好」，或許你可以引進一些外部資料，並在探勘之後，找出更精準的需求預測指標。或者，假如你們公司的策略焦點放在加強供應鏈管理，或許你可以利用不同類型的感應器資料，改善對於存貨的位置以及目前狀況的掌控。

中立星（Neustar）是一家為大量電信應用提供資料管理與分析服務的企業，它就是個同時從上述兩種角度找出大數據應用機會的好例子。過去，該公司（由洛克希德．馬汀〔Lockheed Martin〕公司拆分出來）會代為管理一些重要資料與交易，像是北美的手機號碼、號碼可攜資料、一些網域，以及GSM規格的撥號與簡訊路由資料等等。雖然管理如此重要的資料，這些系統卻從未出現過安全漏洞。

不過，2010年，當麗莎·虎克（Lisa Hook）成為執行長時，她意識到，公司在電信服務上的發展，差不多也僅止於此了。[11]她希望讓公司轉型為聚焦在提供資料、見解，以及服務給電信業以外的公司。至於這樣的服務要鎖定在哪個領域，有部分線索來自於顧客。中立星開始根據手邊持有的顧客資料，找尋可行的資料服務，也了解顧客的想法。電信業公司想知道，在他們自己的資料裡，有沒有什麼線索可以看出用戶可能不繳帳單，然後更為緊迫釘人地敦促用戶不要違約？有線服務業者想知道的資訊是，客戶會不會對於升級為三合一服務（結合資料、語音與視訊的服務）感興趣？還有一些企業想知道的是，如何更有效與顧客溝通。虎克從中看到了明確而且在成長中的需求：顧客企業需要中立星針對這些問題提供見解、協助分析資料。

不過，虎克察看公司的人力資料庫後發現，雖然許多同仁都有能力建立與管理內容龐大的原始資料庫，卻少有同仁具備資料科學或資料分析的背景。針對這個人才短缺的問題，位於北維吉尼亞州的中立星公司，直接在對街就找到了答案。那時，TARGUSinfo是一家過去同樣鎖定電信業的公司，但已經把發展的重點轉到行銷資料分析上。該公司很熟悉從「發掘潛在客戶」到「留住客戶」的完整行銷流程，可提供當地顧客協助。它的財務狀況也和中立星十分相近，因此中立星在2011年十月購併了這家公司。

這次的購併成效很好。TARGUSinfo已擁有一套利用資料發展產品與服務的開發流程——包括可取得的資料、資料治理、資料源頭，以及可容許的用途等等在內——而現在中立星也正著手建立這樣的東西。中立星手中有許多未結構化資料——現已儲存於Hadoop伺服器叢集中——目前正研擬以何種方式發展為產品會是最好的。該公司也派了一些資料科學家前往在伊利諾大學（University of Illinois）新成立的中立星實驗室（Neustar Labs）。

我問過虎克女士，究竟中立星的產品流程是開始於本身持有的資料，希望找出它的價值，還是開始於顧客需求，再試圖從資料中找出解決方案？這不是在玩機智問答，但她給了個我認為很正確的答案：「我們兩種方式都用。有時候是同時用。」既然她身邊有一群人熟悉資料的潛在價值，又有另一群人熟知顧客需求，雙方就可以合作開發新東西了。

擁抱大數據的正確速度是？

若符合下列條件，你的行動應該保守一點：

- 你們公司的競爭對手沒怎麼運用大數據。
- 過去，技術未曾促使產業轉變過。
- 你們公司手邊沒有太多關於顧客或其他重要企業實體的資料。
- 你們公司基本上並非產業創新的先行者。

若符合下列條件，你的行動應該略帶企圖心：

- 你們產業已經能夠看到許多應用大數據或分析資料的情形。
- 你們公司希望領先競爭對手。
- 你們公司基本上對於技術與資料的運用很得心應手。
- 你們公司至少有一些人可以負責大數據工作。

若符合下列條件，你的行動應該極具企圖心：

- 在你們產業裡，已有企業非常積極於此道。
- 過去你們公司曾是善於資料分析的企業。
- 過去你們公司曾運用技術促成產業轉變過。
- 你們公司已具備所有必要的能力。

該多快採取行動？

關於各位的公司準備推動的大數據計畫，我要探討的最後一個部分是，你該以多快的速度、多大的企圖心採取行動。你是該一頭栽進去，還是該小心翼翼先用腳趾頭試水溫？你是該推動多項計畫，還是只推一項就好？你是要找來一整個團隊的資料科學家，還是暫時先調一兩個人來用用就行？這些問題的答案，取決於你身處的產業、你的競爭對手所推動的大數據計畫，以及你希望公司在技術上創新到何種地步。以下我就談談擁抱大數據時，三種不同的整體速度與企圖心水準（這部分內容已摘要為「擁抱大數據的正確速度是？」）。

從保守角度擁抱大數據

幾乎我想到的所有組織，至少都應該以保守措施接納大數據。假如公司並不直接面對顧客，假如競爭對手在大數據方面並未領先，假如過去技術未曾促成產業的轉型，或者假如你們公司基本上都是先讓產業裡的其他企業先行創新，那麼你可以對大數據採取保守主義。

但即便行動保守，也還是得探索要應用的層面，以及它與公司或組織架構的契合程度。探索應該要包括前述的雙管齊下策略：一方面評估組織內部可能已握有何種類型的大量未結構化資料，另一方面也判定在目前的公司策略下，哪些大數據可能有其用處。如果公司內部缺乏資源做這樣的評估，幾家大數據導向的企業，像是勤業眾信（Deloitte）、埃森哲（Accenture）以及IBM的全球服務事業群，應該都會很樂意派出他們的顧問提供協助。

或許你還必須教育公司的管理階層一些關於大數據的知識。之前別人找我去講大數據時，聽眾不是只有企業高階主管而已，還包括董事會成員、重要合作夥伴，以及公司的大客戶。讓公司的重要利害關係人建立關於大數據的看法，永遠不嫌太早，有些計畫甚至還是和合作夥伴聯手推動的。

這些保守行動的目標在於為公司及產業決定可能的大數據發展軌跡，也在於開始引發大家對於運用大數據的興趣與動機。但我認為，我所指稱的「保守主義」可能遲早會不復存在，因為競爭對手可能會開始聘雇資料科學家進駐，這時你就會想要採取更有企圖心的措施了。

以略帶企圖心的行動擁抱大數據

如果你所處的產業已經和大數據有程度不小的接觸（例如旅遊、運輸、醫療、消費性商品，以及消費性金融服務等），你也希望維持競爭力，但是又不覺得非得搶在最前頭的話，採取略帶企圖心的行動會是適切的。如果你所處的產業與大數據的連結很緩慢，但你希望能夠跑第一或維持在第一的地位，這麼做也是適切的。

略帶企圖心的行動意味著你必須具備資料探索能力，才能推動多項不同的探索計畫，而且其中至少要有一項是以促成產品或服務的創新為目的。你預計幾年內會有其中一兩個計畫可進入量產應用模式。你也應該已經購置某些大數據技術，像是Hadoop伺服器叢集。略帶企圖心也代表你已經建立起資料科學的能耐，也找到某些具此背景的人才。

要想走略帶企圖心的路線，你必須已經解決要運用大數據時的某些組織性問題。例如，你已決定好要讓資料科學家與較傳統的量化分析師之間如何相處。對於計劃要如何從資料探索階段進入量產應用階段，你已經有過足夠的思考。你已經成功阻止傳統資訊團隊向大數據團隊全面宣戰，或是阻止了相反的狀況。

以極具企圖心的行動擁抱大數據

我在本書中已談到的一些企業，像是奇異、阿瑪迪斯，以及谷歌、LinkedIn與eBay等線上企業，都採取極具企圖心的行動擁抱大數據。這些企業基本上都已有了定見，就像谷歌首席經濟學家哈爾・韋瑞安（Hal Varian）曾告訴過我的，「我們現在做的是資料事業。」對於會產生龐大點選流（clickstream）

資料的線上企業而言，這是再明顯不過的結論；幾乎任何產業中的領導企業，都在做這件事。對於像奇異這樣的工業產品製造商來說，這更是極具企圖心的舉措。

如果你打算與這類堅定擁抱大數據的企業為伍，勢必得推動大量計畫與養成多種能耐，而這將花費你許多投資銀彈。前面我提過，奇異斥資幾十億美元經費，建立了處理這類事宜的新資料中心。阿瑪迪斯也是，幾乎所有重要部門，不是處於資料探索階段，就是處理量產應用階段。雖然LinkedIn仍是一家規模相對較小的企業（員工約莫七千人），卻有逾百名資料科學家。谷歌的資料科學家則破六百人。這些數字在在都說明，對於大數據的承諾之大。

如果公司的競爭對手已經展現出他們「極有企圖心」，或許你會希望，公司也能加速提升承諾的強度。例如，假如你是西門子（過去在許多工業產品領域都和奇異電氣彼此競爭）的執行長，在得知奇異斥資20億美元在工業大數據的消息時，你會作何感想？我還沒和他交談過，但我希望他已經花費足夠的心力認真思考這件事。如果大數據即將重塑你所經手的產品類別，你可能也會很希望做出這種程度的承諾。例如，如果我是福特、通用、飛雅特／克萊斯勒、福斯等公司，或任何汽車大廠的成員，在得知谷歌就要推出自駕車的消息後，我會震驚得說不出話來。我必定會投入就算無法追過谷歌，至少也要和谷歌相當的龐大心力與資源在大數據計畫上。有些汽車製造商已經在這麼做了，特別是戴姆勒（Daimler）。

在本章中，我試著提供一些工具，好讓你思考一下公司的大數據策略。現在你至少已經有四種不同的目標可以選擇，還有兩種不同的大數據階段可以推動計畫，有幾種找出應用層面的方式，以及有三種擁抱大數據時不同程度的企圖心。簡言之，組織在做決策時，已有足夠的選項可供選擇。但無論你在利用大數據時採取何種策略、安排何種計畫組合，你都會需要一些聰明的人才來幫你實現。這將是我們在第四章所要探討的內容。

經理人行動方案

- 你主要感興趣的是運用大數據降低成本、改善決策流程，還是想用它來開發新產品或新服務？
- 假如你聚焦在改善決策，你的目標主要是在加快決策速度，還是以更多資料與分析提升決策品質？
- 你的大數據計畫組合中是否有些是在探索資料，有些是在量產應用？
- 你的組織是否已決定要以何種程度的企圖心投資大數據、建置相關的新應用？
- 你們產業中，或其他相關產業中，是否有其他企業在大數據技術上投資得比你們更多？

大數據的人才面

如果你的目標是利用大數據在組織裡做出一些有建樹的事，或許最重要的因素在於人。畢竟，大數據計畫中幾乎其他所有層面，不是免費就是成本低廉。軟體通常是開放原始碼；硬體已經大宗商品化。資料往往不是已經躺在組織某處，就是能以極小成本從網路之類的地方取得。當然，這樣的情形仍有例外，但負責做大數據工作的人就不同了，不但難找、難留住，而且要價不菲。此外，只要少了他們，就難有成果可言，這是再清楚不過的。

目前為止，大數據在人才面主要引人關切的焦點在於資料科學家身上，或說就是負責開發應用程式與模式的那批人。不過，大數據也意味著，要利用它做管理工作或做決策的人，也會面對一些改變。再者，一如過去，怎樣才算有效（或無效）運用大數據，還是得取決於資深經理人的判斷。雖然對於運用大數據後在管理工作上有何影響，目前仍處於初步理解階段，仍有很多事有待發掘，但還是值得稍微討論一下這個問題，我會在本章後面的部分談到。

除了在本章描述資料科學家與大數據經理人的特質外，我也會談及一些聘用、留住，以及培養這類人才的方法。對任何承諾推動大數據計畫的企業而言，這都會是最困難的部分。

資料科學家真的算新職種嗎？

在我到一些推動大數據計畫的企業採訪其經理人時，他們常對我說，資料科學家並不算是新出現的職種。確實，許多組織在過去幾十年裡，都雇用過量化分析師，這些人也必須負責許多準備資料與管理資料的工作。現為大數據顧問的布雷斯·荷爾泰（Blaise Heltai），於1986年加入貝爾實驗室之前，曾是一位教數學的數學博士。在一次訪談中，他表示，自己在那個令人肅然起敬的單位裡，做的就是資料科學家的工作：

> 我們得透過複雜的技術把資料萃取出來，才能予以分析——我們經常會使用和今天人們使用的腳本語言同樣的東西。資料量往往很大——我還記得曾利用從某種等級的電信總局交換機取得的通話明細，分析過電話接續費，那是個典型的大數據問題。我們在費用與電話路由方面做了許多建模與最佳化的工作。如同今天許多大數據計畫一樣，我們也會發展新產品。我們會為新電信服務做需求實驗與建立經濟模型，負責場測或新服務事宜，測試過第一款智慧型手機，還成功完成第一次隨選視訊的測試。由於當時已具備大數據與資料科學的所有元素，因此我會認為資料科學家已經存在一段時日了。[1]

我的看法是，即便過去確實存在這些技能，而且偶爾可以在同一人身上看到，但並不是那麼常見。在貝爾實驗室及少數幾家科學導向的機構裡，或許真有幾位這樣的人士，但現在需要這類人才的組織，數目遠遠高過於此。我們應該把今天這樣的狀況，看成是企業對資料科學家的需求急遽增加，而非純粹因為有人發明了這樣的職種。

對於典型資料科學家的認知

資料科學家的角色，在二〇〇〇年代晚期，開始變得比過去普遍許多，而且又以位於舊金山灣區、涉及管理線上與社群媒體資料的企業為主。那是銳勢不可擋的時期；企業的資料不斷累積，多種用於儲存、處理與分析資料的新技術也陸續出現（其中有許多都是資料科學家開發出來的）。

在外界對於資料科學家的認知中，最關鍵的一點是，認為所有必要技能都可以在同一人身上找到。目前確實出現一些這樣的人，我後面會提到幾個，但畢竟為數不多，因此在列出這些神勇人物的特質與功績後，我也會介紹一些更務實的方法，讓各位可以找到具有必要技能的人才。

典型的資料科學家必須具備五種特質：駭客、科學家、量化分析師、可靠的顧問，以及商業專家（請見「資料科學家的

資料科學家的特質

駭客

- 會寫程式
- 能理解大數據技術架構

科學家

- 能提供佐證支援決策
- 即興
- 性急

可靠的顧問

- 良好的溝通能力與人際技巧
- 能設計決策架構、了解決策流程

量化分析師

- 能做統計分析
- 能做視覺資料分析
- 機器學習
- 能分析文字、影片或圖像等非結構化資料

商業專家

- 懂得企業如何運作、如何賺錢
- 對於要把資料分析與大數據應用在哪些層面很有看法

特質」)。接下來，我們先分別看看這些特質，再來討論如何把這些特質整合在一個人身上。

駭客

由於大數據技術都比較新，也由於要把資料從大數據的源頭抓出來、再轉為可分析的形式往往並非易事，因此想當個成功的資料科學家，必須要帶點駭客特質。最重要的是，你得具備寫程式的能力；一位首席資料科學家告訴我，在招募未來的資料科學家時，第一個問題他都會先問「你會寫程式嗎？」。撰寫任何程式語言的經驗都管用，但若能懂得Python、Hive、Pig等腳本語言，或是不時會產生的Java語言，則是再好不過。這些腳本語言相對來說比較好寫，而且具有能在分散式MapReduce架構中，把處理大量資料的問題拆分開來的特性。

資料科學家的駭客特質，也意味著必須熟知常見的大數據技術。其中最重要的就是Hadoop/MapReduce家族，包括如何建置、如何擴展，以及是要就地部署還是要採用雲端。這些技術都很新，也進化得很快，因此資料科學家應該對於學習新工具、新方法抱持開放的態度，而且是充滿企圖心的真正開放。

當然，駭客行為唯有在有價值的商業環境下才有其用處。正如一位專注於大數據非營利應用的資料科學家傑克．波爾威(Jake Porway)在一篇關於駭客馬拉松(許多新創與線上企業為徵求有創意的見解，而舉辦的馬拉松式寫程式大會）的部落格文章中所言：

「我們手邊有很多資料，但不知該如何運用。」桌子那頭的基金會主任哀怨地對我說道。「我們一直很想辦一場駭客馬拉松，或者也可以辦個應用程式大賽，」他笑道。他的同事們也急切地點頭。我聳聳肩。

每星期我都會碰到像這樣的對話。面對如潮水般襲來的資料，無論是非營利的醫療機構、政府部門，或是科技公司，都很希望自己真能像「大數據」的熱潮所承諾的那樣，好好運用埋藏在大數據裡的有用資訊。這些單位愈來愈常訴諸駭客馬拉松——程式寫手、資料技客（data geek）以及設計師，聯手在短短四十八小時內完成軟體解決方案——藉以汲取新想法、補自己能耐之不足。駭客馬拉松有許多好處：為技術社群提供了很好的社交機會，也讓這群人藉著自己設計的解決方案，贏得金錢與名聲；至於企業，則有社群中取之不盡的高手相助，而且還是一群他們原本可能苦無管道可接觸的高手。不過，雖然好處不少，駭客馬拉松畢竟不適於解決一些大問題，像是減少貧窮、改革政治或改善教育等；而且，駭客馬拉松一旦用於詮釋足以影響社會的資料，恐怕完全是危險之舉……。

> 任何一位對得起自己薪水的資料科學家都會告訴你，應該從問題著手，而非從資料著手。不幸的是，駭客馬拉松對於問題往往缺乏明確的定義。大多企業都以為，只要把駭客、披薩和資料集中到一個房間裡，就會有魔法發生。這就像是當仁人家園（Habitat for Humanity；協助貧困者建屋的非政府組織）把志工召集到一堆木頭旁後，只告訴他們「上吧！」一樣。最後你會蓋出才半個房間就有十四個插座的日光室。[2]

換句話說，駭客馬拉松或許是個產出新點子的絕佳方法，但唯有針對企業實際面臨的問題，駭客馬拉松才能變得有價值。

關於駭客這種技能，最後我要講的是，為何許多大企業不願意找駭客進公司。基本上，在應用大數據的情境下，我們是把駭客行為定義為在做有創意的快速計算，但這個詞畢竟還是帶有「法外」的意涵在，也就是一種脫離常規的計算行為。面對目前這個大數據的西部拓荒時代，或許會需要後面這種駭客行為。但要注意的是，應確保在你要找的資料科學家身上，駭客不是最主要的特質，否則你會後悔。死硬派的駭客所製造的問題，可能會大過於他們帶來的好處。而且，他們也可能沒興趣為官僚式的大組織工作。

科學家

資料科學家的科學家特質，並不代表他們過去必須是科學家，雖然不少人以前真的是科學家。2012年我訪談過三十位資料科學家，發現有五成七擁有科學或技術領域的博士學位，而有九成至少擁有科學或技術領域的任一學位。他們最常見的背景是實驗物理學博士，有些則取得生物、環境或社會科學方面的高等學位，這些學門基本上都需要大量的運算作業。

一個人得要熟知這些領域的知識，才能從事資料科學的工作嗎？肯定不是。實驗物理學博士扮演資料科學家角色時，重要的不是他的學位或涉及的特定知識，而是他從事資料科學工作的資質與態度。資質牽涉到建構實驗、設計實驗儀器、收集與分析資料，以及描述分析結果的能力。科學家過去分析的資料，或許不會到大數據的地步——各大學之前很少有機會取得真正的大數據——但某種程度上很可能是未結構化的。

科學家身上可能有利於與大數據交手的態度包括：專注於根據佐證做決策、行事即興、急性子，以及安於自己動手做。在應用大數據的早期階段，這些都是重要技能，因為資料科學家必須完成許多開創性的工作，未來由軟體處理時就容易多了。科學家可能也具備快速學習的能力，能迅速吸收與精熟新技術。

不過，一個聰明人花四到六年的時間取得實驗物理學的博士學位（只是舉例）後，再來從事資料科學的工作，其實有些浪費。這樣的人確實可能具備多種必要技能，但他們也學了許多資料科學中用不到的知識。再者，也幾無證據顯示，撰寫博士論文對於有志於從事資料科學工作的人有什麼幫助。總有一天，我們可以在碩士等級的課程中更有效能地學到資料科學的所需技能，但目前科學家還是最可能的來源。

但我必須指出，許多成功的資料科學家，甚至連碩士學位都沒有。他們的許多技能都是自學而來的，過去沒有大學開設過相關課程，一直到最近才有。例如，過去在臉書工作時，曾與帕蒂爾（DJ Patil；當時在LinkedIn服務）一起想出「資料科學家」一詞的傑出資料科學家傑夫·漢默巴克（Jeff Hammerbacher），就只有學士學位而已。我會在第六章提到，大數據的文化是一種精英統治的文化，它不會堅持你必須取得某種類型的學位，才能從事資料科學工作。

可靠的顧問

如同傳統的量化分析師，資料科學家必須有出色的溝通技巧與人際能力。但也如同傳統的量化分析師，這些人不可能有這樣的能力！假如你已把心力花費在學習關於電腦、統計與資料的知識上，你可能對於學會人際技能興趣缺缺。

但資料科學家真的還是需要出色的人際能力。高階主管會要他們提供關於內部決策的建言。在「資料就是產品」的那些企業裡，如果有什麼可能運用資料發展產品與服務的機會，他們就必須知會產品與行銷主管。最早贏得「資料科學家」稱號的其中一人帕帝爾（有部分原因是因為他和人家一起發明了這個詞）常說，資料科學家必須「待在橋上」，就近提供領導人建議。假如資料科學家與決策者之間還有別的中間人，決策者可能會無法理解涉及某關鍵決策的所有重要資料與資料分析事宜。

有些證據顯示，這樣的技能是很重要的。一份由研調業者顧能（Gartner）所做的研究發現，「企業的商業智慧專案有七到八成會失敗」，原因是「資訊部門與事業部門之間的溝通不良，不是沒問對問題，就是未能考量到事業部門的真正需求。」[3]研究中也認同，商業智慧專案通常牽涉到小數據而非大數據。不過，雖然實際失敗的專案比例仍值得商榷，但毫無疑問的是，無論是小數據或大數據專案缺乏溝通，都會導致大問題。

我不打算深入談這個話題，因為我已經在與人共著的《跟上量化分析師的腳步，暫譯》（*Keeping Up with the Quants*）一書中談過很多了。[4]我並不認為小數據的量化分析師所具備的溝通技能及提供可靠資訊的能力，和資料科學家會有太大的差異；這兩種工作都高度需要這些技能。

量化分析師

在企業取得大數據、「馴服」（若有必要，將它從未結構化的資料轉為結構化資料）大數據後，還必須照著傳統方式分析它。因此，資料科學家也必須像個量化分析師——要精通多種數學與統計技巧，而且要能輕鬆地把內容講得讓外行人聽得懂。許多其他作者和我都寫了不少關於這類統計技巧的書，因此在這裡我就不複述了。

不過，未結構化的小數據所使用的資料分析手法，以及使用在大數據的手法，還是有一些相異之處，其中之一是統計推論——根據來自少數樣本的結果，在一般化之後推論出數量較大的母體之狀況——可能會變得不那麼必要。有了大數據，組織會直接分析整個母體的資料，因為現在的技術做得到。假如你不是根據樣本的結果推論母體情形，就不必再擔心什麼統計顯著性（觀察到的結果能否代表母體）的問題了（因為你直接觀察母體）。不過，我相信在很多情形下，我們還是會繼續採用樣本。例如，要把關於政治或社會的問題，拿來向美國（或任何其他國家，都一樣）的每一個公民詢問意見，是不可能做到的，因此相同的研究我們還是會以調查樣本取代。此外，即便你有大量關於顧客使用狀況的線上資料可供分析，這些資料還是可能只代表在特定時點下的某一群樣本而已。

另一個相異之處在於，資料科學家偏愛以圖像方式分析大數據。基於一些大家（我想應該是任何人）尚不完全清楚的原因，大數據的分析結果，常會以圖像形式呈現。現在的圖像分析有許多優點：相對來說，更容易拿來向非量化背景的經理人說明，而且較易引人注目。但缺點在於，圖像基本上不太適於呈現複雜的多變量關係與統計模式。換句話說，以圖像形式呈現的資料分析結果，大多是用在敘述性分析上，而非預測性或診斷性分析。不過，圖像形式可同時呈現許多資料，如圖表4-1所示。這張圖顯示的是某銀行帳戶結清因素的圖像分析結果。[5]我發現這張圖（以及其他許多複雜的大數據圖像化結果）好難解讀。有時我會覺得，大數據有許多圖像化結果都只是因為技術上做得到才這麼做的，而非真的想要釐清某件事。

為何大數據常會使用圖像分析？有幾種可能的原因。第一是出於「大數據＝小數學」的假說。這話的意思是，用於收集資料與建立結構實在太耗費心力，以至於沒有太多心力可以再來做複雜的多變量統計分析，只能先建立簡單的頻率計數，再據以畫成圖樣或散布圖。這種徵候在資料科學家社群中是眾所周知的，但這樣的圖會讓人很難理解它的重要性與普遍性。

大數據經常使用圖像分析的另一種可能原因是，大數據與比它更吸引人的圖像分析手法，約莫在同一時期問世。最後還

圖表4-1　某銀行帳戶結清因子的圖像分析結果

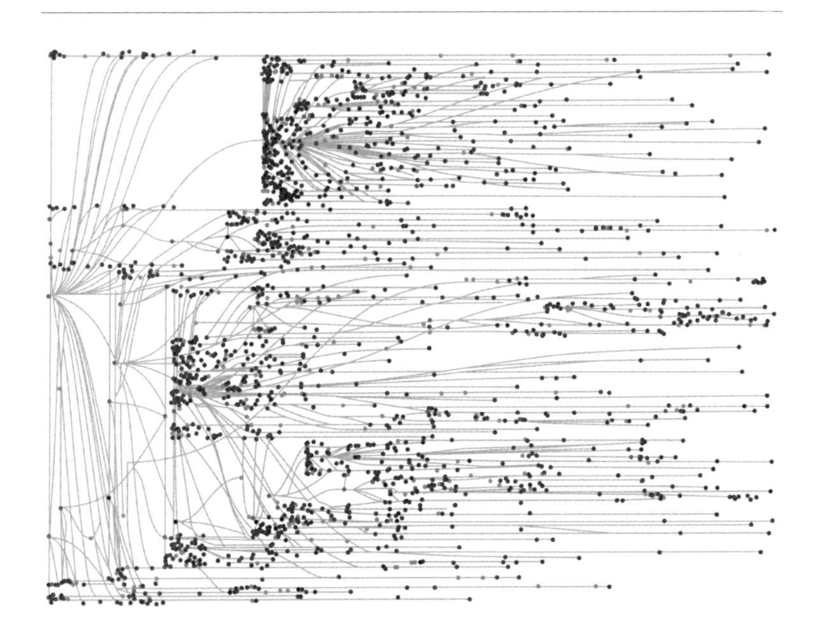

有個可能的原因是，大數據的作業是探索性的、反覆性的，因此需要圖像分析手法協助探索資料，並藉以將初步發現傳遞給經理人及決策者。我們或許永遠無法得知上述哪種原因影響最大，但事實就是，資料科學家必須懂一點如何以圖像呈現與分析資料的技巧。

機器學習是另一種資料科學家應該具備些許知識的分析技巧。我會在第五章談及，這牽涉到自動測試不同模式，再從中找出最適於某個資料集的模式。不過，事實上這只是半自動而已，因為分析人員通常還是得告訴機器學習程式從何處著手，以及要探索哪些種類的資料型態。雖然往往並不容易，分析人員也必須試圖解釋機器學習分析的結果——你可以稱為「察看黑盒子內部」——並試圖說明，為何某種模式最適於這些資料。未來要向決策者與經理人說明結果時，就容易得多了。但如果是每星期產生幾千種模式，就不可能採用這種人工解釋的做法了。無論如何，許多運用大數據的組織，都會聘用機器學習專家。

大數據常牽涉到文字、影像與影片等未結構化資料類型的處理。一個資料科學家不可能熟悉所有資料類型的分析工作，但只要懂得其中一種類型的分析手法，就已經很管用了。例如，自然語言處理（natural language processing, NLP）是一套用於從文字中萃取意義的方法，可能牽涉到計數、分類、翻譯或其他分析字眼。這種手法經常用於理解顧客對某種產品或某家企業的看法。每一家對於大數據感興趣的大企業，都應該要有一兩位懂得NLP技巧的專家。

商業專家

最後一點，但也同樣重要的一點是，資料科學家應該相當程度懂得商業的運作，或至少要懂自己的工作所涉及的部分。公司如何賺錢？競爭對手是誰？企業如何在產業中成功推出產品與服務？最適於透過大數據與資料分析、解決的是哪些重要問題？這些都是工作有效率的資料科學家，應該回答得出來的問題。

有了這些知識，資料科學家才能迅速建立與測試假說，並提供方案，解決部門或企業面臨的重要問題。否則，他將很難為企業創造價值。資料科學家的用處就在於，把資料分析應用到解決商業問題上（無論是使用大數據或傳統資料分析），因此對相關的商業環境感興趣或有相關經驗，是很重要的。當然，資料科學家有時也可能在不同產業間移動，而且也不可能是每一種事業的專家。資料科學家就定義來說幾乎都是頭腦很好的人，如果他們有心學習新的商業知識，他們會很快上手。但如果你要面試一位來自另一產業的資料科學家，切記確認，對方之前對於該產業也深感興趣，而且展現過解決商業問題的能力。

水平型與垂直型的資料科學家

當然，資料科學家的類型不一而足。自己也是資料科學家的文森・格蘭威爾（Vincent Granville）為資料科學家們開設了一個名為「資料科學中樞」（Data Science Central）的社群網路。他曾經提出一些在不同類型的資料科學家之間很不相同的重要特質。在一篇部落格文章中，他提到垂直型與水平型資料科學家間的相異之處：

- 垂直型的資料科學家，對於某些較狹隘的領域擁有很深入的知識。他們可能是極為熟知各種排序法則之運算複雜性的電腦科學家；可能是對於特徵值、奇異值分解及其數值穩定性等無所不知的統計學家；可能是有幾年時間為應用程式介面API的開發及網路爬行技術撰寫Python程式碼（包括繪圖函式庫）的軟體工程師；可能是個有出色的資料建模、資料倉儲、圖形資料庫、Hadoop與NoSQL專業知識的資料庫高手；也可能是專精貝氏網路（Bayesian Network）、SAS與SVM的模型預測師。
- 水平型的資料科學家，是商業資料分析師、統計學家、電腦科學家，以及特定領域專家的混合體。他們結合了願景與技術知識。他們或許不是特徵值、一般線性模型及其他半過時的統計技術的專家，卻懂得一些能應用於未結構化資料、串流資料及大數據的更現代、更資料導向的技術……他們能設計出穩健、有效能、簡單、可複製、可擴充的程式碼與演算法則。[6]

從格蘭威爾的語氣中可以明顯看出，他偏愛水平型的資料科學家。他認為這類資料科學家廣泛而重實用性的知識，要比垂直型資料科學家的深層知識來得好。我也認同他的看法；如果你需要特定技術領域的深層知識，只要找個該領域的顧問即可。在奇異公司負責招聘人才的資深資料科學家馬克・葛拉伯（Mark Grabb），也比較欣賞水平型的資料科學家：

> 找尋耗費數年時間專注研究狹隘領域、取得深層知識的技術人員，交由他們分工行事，再期盼這個團隊的成員彼此能有良好溝通，真的是我們該全面接納的做法嗎？這類專家確實很有價值，但他們的價值是在於建立新的資料分析工具，而非單純扮演資料科學家的角色。這些精研單一領域的專家，經常缺乏商業的速度感，也不想利用既有工具創造新的解決方案，而且多半自豪於發展出新技術，也希望因而贏得別人的重視。[7]

改採團隊形式

但要想在同一個超人或超級女孩（漫畫中並無「女超人」的正式稱呼）身上找到我前面提到的所有技能，恐怕會有問題，因為這樣的人並不多。若以或然率的術語來講的話，如果你要找的是在每一種技能中最頂尖的那百分之一的人，而且假設這些技能都是彼此獨立分配的話，你在同一人身上同時找到這五種技能的機率將是0.0000000001。而且別忘了，就算你真的大海撈針找到這麼一個人，他也未必想要為你工作。

在找尋這類多才多藝的同仁時，另一個讓事情更形複雜的因素是，資料科學家，尤其是水平型的，不過是有效執行大數據計畫的一個環節而已。例如，在分析資料之前，還有諸如萃取、清理，以及核對等維持資料純淨的繁重工作要做。幾十年來，資訊部門的資料人員，都沉迷於這樣的工作當中，而且這麼做的需求從未消失。2012年，Talent Analytics針對302名量化分析師與資料科學家做了調查，有部分問題是詢問這些資料分析的專業人員，具體的工作內容為何。調查發現，「資料準備」是自稱分析師或資料科學家的人很重要且常見的工作。資料分析的專業人員實際花在分析資料，以及用圖像形式呈現分析結果等工作上的時間，相對來說較少。[8]

有一種顯而易見的替代方案，可以取代一人分飾多角的資料科學家，就是組成一個擁有所有必要技能的團隊——找一個真的精通破解資料的人，再找個統計技能強的人，諸如此類。有些組織會試圖找尋擁有1.5或2.5種必要技能的人，再透過訓練或實地演練，讓他們培養出其他技能。例如，擁有其中一種技能的人，必須尊重團隊裡擁有其他技能的人，並認同其他技能也有存在的必要。出色的資料科學主管，必須培養與鼓勵這樣的尊重。奇異全球研發中心的資料分析技術領導人馬克．葛拉伯，提到了該公司在招聘多技能人才時的經驗：

> 在奇異公司，我們發現，具備二到三種專業知識的資料科學家，做起事來最有效率。有幾個原因可證明此事為真。首先，懂得多領域的知識，似乎能夠在創造力方面帶來可觀的優勢。我聽說這叫做「有利的位置」（coign of vantage）。其中，「隅石」（coign）這個字可能已經在字典上消失幾十年了，此處應該將之視為「建築物的基石」。矗立於建築物外部轉角處的基石，雖然無法看到建築物的每一面，卻占有同時看到其中兩面的優勢，這也導致這樣的人比只能看到其中一面的人擁有莫大的創造優勢。資料科學家也是如此。第二，我們觀察到，大多數專精於單一領域的資料分析專才，在與人合作上較缺乏效率，但有效率的資料科學家必須樂於與人合作。還有另一個不利之處是，領域狹隘的專才愈多，就需要更多溝通管道，而且這些人的人格特質也或許不愛與人合作。第三，我們的結論是，專業知識來自於投入、研究，以及應用（恰可證明我從加拿大暢銷作家麥爾坎．葛拉威爾〔Malcolm Gladwell〕的書中讀來的「一萬小時法則」），

因此期盼找到或訓練出幾百名什麼都懂的人才，根本是不切實際的想法。[9]

由於所需技能的多樣性，資料科學家的主管還必須善於為不同專案的所需技能建立不同團隊。像是有些專案需要較多資料能力，有些則需要較多分析能力等等。資料科學的主管必須在為某專案組成團隊前，先判斷該專案的特定需求是什麼。

大數據諮詢業者Opera Solutions在和客戶合作專案時，都是採用組成資料科學團隊的方式。該公司的專案成員包括負責建立新演算法則、身體力行的資料科學家；針對眼前問題提供指導給科學家的資料分析主管；以及傳統專案經理，負責管理專案的成本、時程以及成果。此外，也常會有特定產業的專家（可能是事業主管或科學主管），負責針對產業的特定資料需求與資料分析需求提出建言。

資料科學家何處尋？

來自大學的資料科學家

前面我提到，這年頭的資料科學家，常擁有科學方面的高等學位，但未必就是取得所需技能的最有效做法。最快在什麼時候，才會出現更多資料科學的直接教育管道？我相信目前尚無大學提供資料科學的學位。不過，倒是有愈來愈多該領域的課程，以及愈來愈多機構正著手規劃資料科學的學位課程。學位課程主要是碩士等級的課程；例如，加州大學、柏克萊大學，以及紐約大學的資訊學院，都已對外發表會有這樣的課程。大學並非行事迅速的機構，但它們都已收到一項訊息：企業與其他組織，都需要這類人才。未來幾年內，應該就會有足夠的課程；在那之後再過一兩年，就會有不少資料科學系所的畢業生了。

但如果你需人孔急，等不到那時候呢？你還是可以利用大學教育出來的人選，但由於他們沒有相關學位認證，無法讓你更容易知道該聘用誰。我也提過，有一些學校已經在提供大數據、機器學習、Python等腳本語言的設計，以及其他相關技能的課程甚或學位了。如史丹佛與麻省理工學院等學校，就是以線上方式提供。

另一種選擇是利用為數眾多，而且也快速成長中的商業資料分析課程做篩選。包括北卡羅萊納州立大學（是所有這門課程的始祖）、西北大學、紐約大學、史蒂芬斯理工學院、路易斯安納州立大學、田納西大學、阿拉巴馬大學、辛辛那提大學，以及舊金山大學等學校在內。在一份由維吉尼亞大學的芭芭拉．威克森（Barbara Wixom）及其他幾個學院所編纂的名單中，列出了五十九家提供商業智慧或商業資料分析的學位或主修科目的大學。[10]許多這類課程已加入資料科學內容，或正在規劃要加入。

如果你是個大學教授或行政人員，正在調查該領域的資訊，你應該留意一下由威克森以及幾位共同作者所做的一項企業主調查（針對446位企業主）。他們發現，企業主最看重「溝通」的能力，其次才是預期的技術與資料分析能力。「communications」（亦有通訊之意）在此並不代表專精於（舉個例子）TCP/IP通訊協定，而是指能夠有效率地和決策者溝通資料分析的結果。受訪的企業主表示，招聘時最大的問題在於應徵者缺乏商業經驗，因此學校應著手建立實習計畫。

如果你的公司需要資料科學家的幫助，無論是現在或未來，都請別被動等著學生從學校畢業。現在就可以和各大學合作，告訴對方你需要具備何種技能的人才。公司可提供內部的實習機會，如此不但可得到（通常是）免費的勞力，還能藉以找出未來可以招聘的出色學生。同時，你也可以把一些資料集（最好是數量真正夠大的）提供給教授，讓學生去處理。如果你真的希望能在本地大學裡建立影響力，捐點錢給校方、贊助他們的研究專案或實習計畫，絕對是有利無害。

大學以外的來源

還有許多其他手法可培育與招聘資料科學家。例如，儲存大廠EMC已體認到，能否招聘到資料科學家，將是影響公司以及客戶的大數據計畫成功與否的關鍵因素。因此，該公司為員工及客戶開設了資料科學與資料分析訓練課程。EMC已開始把公司內部的大數據計畫，交給上完該課程的學員負責，也把這套課程提供給多所大學。IBM也有個類似課程，勤業眾信則是和印地安那大學的凱萊商學院（Kelly School of Business）合作，協助員工養成大數據及資料分析技巧。

面對資料科學家如此難找也如此難以留住，或許有人會覺得，找他們進公司當顧問是個好策略。但很多積極推動大數據計畫的公司，似乎都喜歡找資料科學家當正式員工（或許是因為他們擔心，進公司當顧問的資料科學家，會把重要的資料資產交給其他公司）。不過，這幾個月我發現，企業對於顧問公司的資料科學家的需求上升，特別是那些大企業。而且正如我在第三章暗示的，我也發現諸如埃森哲、勤業眾信及IBM等公司，已開始大量召募與訓練資料科學家。一些以Mu Sigma（一家擁有數千名量化分析師員工的「數學工廠」）等境外公司為主的企業，現在也正大舉雇用資料科學家。

有位資料科學家，想出一種訓練新資料科學家的創意做法。由傑克．卡拉姆卡（Jake Klamka；他的學術背景是高能物理學）開設的「洞見資料科學夥伴課程」（Insight Data Science Fellows Program），提供科學家為期六週的課程，教導他們一些成為資料科學家的技能。課程中並有本地公司（如臉書、推特、谷歌、LinkedIn等）提供大數據難題實地指導。「一開始我只打算找十名夥伴，卻有兩百多人報名，最後我們收了三十位，」卡拉姆卡說道。「企業的需求大到引人側目；他們就是找不到這種高素質的人才。」[11]

一些創投公司也陸續進入這場資料科學的競賽。為協助名列其投資組合中的企業滿足需求，一家以投資新創案為主，曾援助過臉書、LinkedIn、帕羅奧圖網路（Palo Alto Networks），以及網路軟體商Workday等企業的創投公司葛瑞拉克創投合夥（Greylock Partners），已成立一個召募團隊，鎖定的重點之一就是資料科學家。帶領該團隊的丹．波爾提洛（Dan Portillo）說：「在我們投資的那些處於創業後期階段的公司裡，（對於）資料科學家的需求，正處於有史以來的高峰。取得資料後，他們真的需要有人來管理資料、從資料中找出有價值的資訊。你在十到十五年前看到的那些傳統背景的人，現在已經派不上用場了。」[12]

如何留住資料科學家

企業在招聘到或培養出資料科學家後，也會面臨如何留人的問題。有幾位我在線上公司或小型新創公司採訪到的資料科學家，去年已經換了幾次工作。其中一位說，「差不多一年的時間後，往往很明顯沒有什麼我可以做的事了。」（我的推測是，這位資料科學家為了某個專案進公司，在一年後案子做完了。）另一位則說，「資料科學家有很多工作機會——有時候我一個星期就接到兩、三通獵人頭公司打來的電話。機會這麼多，會採取行動也不令人意外。」

雖然我沒聽過任何關於如何留住資料科學家的研究，一般的留人做法——金錢、人際關係、好主管——應該是管用的。如果你們是大企業，而且已招聘資料科學家，請確保他們不只和事業部門或單位直接共事而已，也和其他資料科學與資料分析人員共事。不過，他們尤其強烈希望能有腦力激盪與成長的機會。要想留住資料科學家，最重要的一點是，要提供好資料及有趣的問題讓他們解決。

我訪談過的資料科學家，常會突然聊到影響力的話題。他們希望能運用資料發揮實際影響這個世界的力量。在他們的眼裡，這是一個充滿龐大資料集與高性能工具的獨特時代。艾美・海尼克（Amy Heineike）是舊金山一家新創企業Quid的知名資料科學家，她在一次訪談中是這麼說的：

> 接觸到資料與工具後，你可以發現一些真的很酷的東西，但我們還只停留在皮毛的層次而已。真正鼓舞我的是，能夠實際創造新東西的機會。這東西會不會很重要？會不會有影響力？或者能否觸及很多人？對於如何在多樣化的工程團隊與企業中安插資料科學家一事，或是如何把各種技能結合起來、組成一個有效率的資料科學團隊，我也很感興趣。因此，在評估新機會時，我會看一家公司的資料集是否豐富，或是有沒有什麼重要問題需要我去找出資料。我也希望確保，資料科學部門有足夠的資源與高階團隊的支持。[13]

還有一位我訪談的資料科學家表示，他和同事的動機，深深受到公司創始團隊的心態所鼓舞：「最重要的事情是，創始團隊對資料分析有多注重？他們對資料分析抱持多少的企圖心，心態有多開放？這在最後會決定一個組織能否成為善於資料分析的公司。假如他們只管技術、只管工程，就不會發生。」

雖然資料科學家的薪資通常很不錯，但他們的動機似乎較常來自於工作中的挑戰與工作成果的影響力，而非金錢。其中一位說，「如果我們想和結構化資料打交道，我們會去華爾街。」誠然，一九九〇年代大舉前往華爾街的量化分析師，和今天成為資料科學家的人，是同一類的人。

資料科學家——至少我訪談過的線上或新創公司的那些都是如此——也認為，能夠開發出新產品，遠比只是當個支援決策者的幕僚更能激發動機。對於擔任顧問，其中一位是這麼形容的：「那是個死亡地帶，你要做的就只有告訴別人，分析的結果顯示，他們該採取什麼行動，如此而已。」他們認為，為顧客發展產品或流程，潛在的影響力會比這大得多。他們覺得，為產品創造一種功能，或至少發展出測試版，遠比為管理團隊製作PowerPoint簡報內容或報告要來得有價值許多。

經理人的大數據技能

在管理與分析大數據的人力面，資料科學家並非唯一需要關注的對象；大數據也會對管理者與經理人的決策帶來重大影響（在應用大數據上，管理者也扮演帶領及建立文化的角色，我會留在第六章探討。）

我在前面幾章談過，大數據較常用於發展產品或降低成本，較不常用於輔助組織內部決策。不過，如果真的利用大數據支援決策，大數據的數量與速度，將使得傳統那種講究高確定性的決策方式，變得不適切。等到組織高度確信大數據提供的資訊與線索為高度可信時，已經又有更多新資料可供取用了。因此，多數組織必須改採更連續性、更暗示性，以及確定性較低的分析與決策方式。

例如，社群媒體資料的分析結果，很少是決定性的；它們透露出來的反倒是顧客對於各種產品、品牌與企業的感受之即時趨勢。這或許有助於判斷某個小時或某一天的線上內容與銷售額的變動有相關性，但等到分析快完成時，又有更多新內容可供取用。因此，重要的是，對於要根據大數據的分析結果而做的決策以及採取的行動，要有明確的標準——特別是在諸如社群資料分析這樣快速變動的領域中，更是如此。

有時候，承認資料與分析並沒有那麼高的確定性，是很重要的。我前面介紹過的聯合國HunchWorks計畫，就是希望在趨勢與現象仍處於早期階段時，就提早發掘出來，以便決定是否值得進一步關注。在做社群情感分析時，這可能也是正確的方式，藉以提示該事項需要深入研究，而非提示具體行為。

假如根據大數據的分析，你有些確定，某件重要事情正在發生，但又不是百分之百確定的話，可以考慮採用自動建議功能。必要的話，人為的決定還是可以推翻它。例如，有些醫療組織正準備以這樣的方式處理IBM的華生系統（watson system）所給予的建議。建置華生系統的醫療保險業者WellPoint是這麼說的：「有趣的是，假如根據某位病患的病史與醫療給付資料，華生做出的結論是，某位醫師或施治者的治療不是最有效率的，電腦可顯示反對——但……它無法推翻施治者的決定或回絕治療要求。這時必須由護理師檢視華生提出的替代方案建議，並與施治者共同判斷，是否要遵照系統指示去做。」[14]

在大數據的世界裡，要改變的不是只有個別管理者的決策而已。更廣泛來說，管理大數據的組織，必須從「工業化」流程與程序的角度看待資料管理、分析與決策，而非將之視為各自獨立的資料堆或事件。從過去看來，資料分析得耗費可觀的時間與人工。等到確認資料後，便進行資料萃取並存入資料倉儲，接著就由資料分析人員接手。基本上，資料分析人員得花費可觀的時間在處理、分析，以及解釋資料上。很多時候，他們會以圖像形式向決策者報告，好讓對方更容易了解。

不過，大數據的數量與速度，意味著組織必須為資料的收集、分析、解釋，以及因應的行動發展持續性的流程——至少對於提供給多通路顧客的「下回最佳購物建議」、即時辨識詐欺行為，以及為病患的健康風險評分等營運上的應用方面，得做這樣的安排。大多數的資料分析工作，以及至少某部分的決策工作，都必須做到自動化或半自動化。這意味著必須整合到決策管理工具或企業流程管理工具中，而諸如IBM與佩加系統（Pegasystems）等部分供應商，正朝著這樣的整合，調整軟體的發展方向。決策管理專家詹姆士・泰勒（James Taylor）已在他的幾本大作與部落格文章中，探討過這個議題。[15]

例如，PNC銀行正與佩加系統合作，在所有顧客接觸點與通路，建置結構分明且半自動化的流程，做為顧客服務之用。[16]PNC三年前開始建置這套軟體時，是想要為提供顧客服務及維護顧客關係建立一套一致的做法，但原本只是針對受理顧客來電的狀況設計，到最後也包括主動致電顧客的狀況在內。目前，該銀行每天已能針對透過所有主要管道接觸到的顧客，完成百萬次的商品建議決策。大多時候，系統都會針對額外與顧客交談的時間估算價值，並建議客服中心專員加快交談的速度。分行行員基本上會有稍微多一點的時間與條件，把所推薦的其他金融服務或商品介紹給顧客。系統提供的資訊與建議，都是根據該顧客的購買力與先前做過的動作決定的。資料分析的模式，原則上不是離線狀態下在SAS中發展，就是利用即時建模能力透過佩加系統的引擎應用。PNC最近在十六家金融機構中，獲金融研究與諮詢業者Corporate Insight評選為線上行銷與促銷的第一名，有一部分要歸功於這樣的技術。

我在本章前面部分講過，大數據的資料分析，常涉及以影像格式提出報告。雖然在技術上將資料展示為儀表板或是做圖像分析已愈來愈不成問題，但影像資料的分析結果，往往還是需要可觀的人力來解釋——而這得耗費寶貴的時間。在大數據緊湊的業務環境下，這類人工解釋所用的時間與金錢，或許很難讓人接受。這類作業式的大數據流程，應該盡量免除人力的使用，或者應該限制把人力用在擬定初始的發展規範、評選演算法則，以及推翻系統的建議或處理例外狀況上。當然，在研究與探索導向的應用上，人力還是會扮演詳細分析的角色，只不過這類情境基本上涉及較不急迫的資料分析與決策流程。

在牽涉到更快速決策（有時稱為高效能運算分析）的大數據環境下，技術上可以更快完成資料的分析。但如果組織希望藉此獲取價值，就必須決定，要如何運用因而節省下來的額外時間。例如，做更多的分析，以改良模式。某家零售企業，過去光是開發一種用於吸收新顧客的演算模式，每天就得花五小時時間。但有了大數據技術，該公司降低處理時間到只有短短三分鐘。在這種情形下，每三十分鐘左右就能重覆執行一種模式，同時還能夠使用多重建模技術。這也將原本1.6%的模式增益值提升為2.5%——雖然這樣的改善看來並不多，但如果在夠多的潛在顧客身上實施，成果會很可觀。還有其他手法可利用大數據改良模式，包括使用更多資料、加入更多變數，以及試圖透過機器學習的方式套用更多不同模式。

還有一些公司則試圖改善用於分析大數據的整個流程。此事的關鍵在於加快決策與行動的速度，以跟上日益變快的分析速度。

人力與大數據

現在，我希望各位已清楚了解到，**要想成功推動大數據計畫，人才的技能是最重要的一項資源**。他們從不易發現的地方取得資料、運用寫程式，將未結構化資料轉換為結構化資料、分析資料、解釋結果，還建議高階主管以何種行動因應——而且全是在很短的時間裡、帶著緊迫感完成的。

有時我會聽到一些預測，說什麼未來對於資料科學家的需求會降低，因為電腦與軟體將會接管許多資料科學的功能。有人說，「機器學習將完全取代對於分析人員的需求。」有些軟體供應商則聲稱自己正在開發「內建資料科學家功能的盒子」。我可以確信，未來在大數據的管理與分析方面，技術會更加進步，但我並不認為聰明的人類會因而退場。我已經看到，即便是最積極採用自動化技術（如機器學習）的企業，都知道自己必須雇用大批機器學習的專家。

幾十年來，我不斷聽到有人說「未來我們不會再需要那麼多量化分析師」，但這事從未成真。事實上，在我接觸過的幾百家教育、諮詢或研究機構中，有兩個變數是完全相關的：一是組織內部有多少負責資料分析工作的聰明人才，另一則是這些人的資料分析能力水準。在大數據的世界裡，我不認為這樣的相關性會改變。我懷疑，聘用愈來愈多資料分析與資料科學人員的趨勢（如圖表4-2所示），仍會維持驚人的成長速度。

圖表4-2　資料分析與資料科學的職缺成長，1991-2011

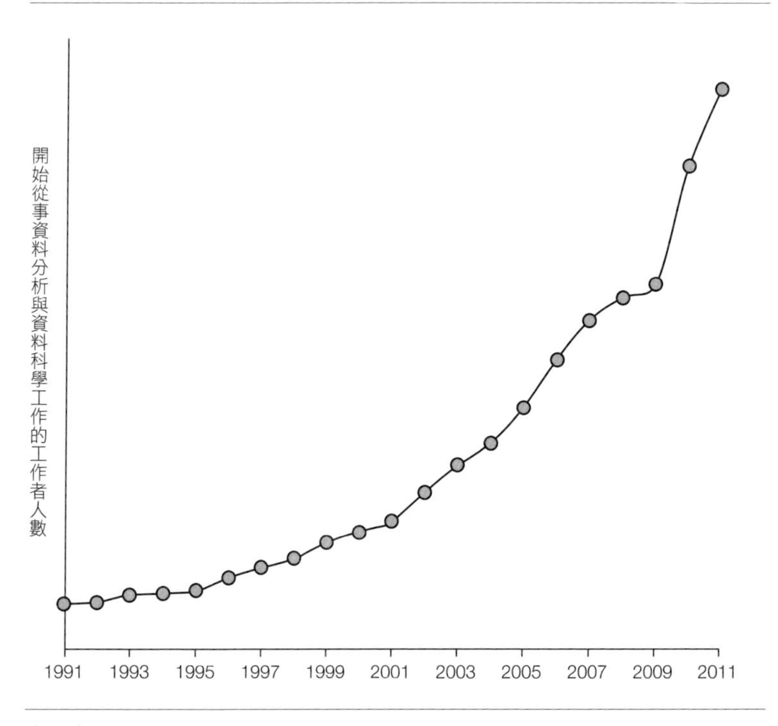

資料來源：LinkedIn Analytics

經理人行動方案

- 你們公司是否有員工同時具備駭客、科學家、量化分析師、可靠的顧問，以及商業專家等特質？是否有團隊兼具這些特質？
- 你主要打算透過什麼管道聘用這類人才？例如，你是打算從公司外聘用，還是在公司內自行培育？如果你準備找顧問，你心裡是否想到幾個同時擁有所需技能的人選了？
- 你打算如何留住公司內部具備所需資料科學技能的人才或團隊？
- 你和提供大數據相關課程的大學關係良好嗎？
- 你是否正開始思考，在大數據的世界裡，要如何重新訓練管理者學會分析、做決策，以及採取有效率的行動？

大數據的技術

與潔爾・帝琪（Jill Dyche）合撰[1]

新技術是讓企業得以管理與分析大數據的重要因素。事實上，大數據不只是大量的未結構化資料而已，也包括用於處理與分析它的技術在內。某些大數據技術可分析文字、影片，以及語音內容。大數據快速變動時，機器學習之類的技術可用於快速建立適用的統計模型，並完成最佳化與預測。本章要談的是所有這些大數據技術，以及它們帶來的不同。所有會在本章談到的技術，已概略整理在圖表5-1。

假如你想看的是大數據的技術如何運作，很抱歉要讓你失望了。我的焦點不在Hadoop如何發揮功能的細節上，也不是要探討Pig或Hive這兩種腳本語言何者為佳。相對的，我會把焦點放在大數據的整體技術架構上，以及它如何與傳統資料倉

圖表5-1　大數據技術概述

技術	定義
Hadoop	用於在多個平行伺服器上處理大數據的開放原始碼軟體
MapReduce	Hadoop據以發展的基礎架構
腳本語言	與大數據契合的程式語言（如Python、Pig、Hive等）
機器學習	用於迅速找出最適於某資料集的軟體
視覺化資料分析	以影像或圖像形式呈現資料分析結果
自然語言處理	用於分析文字出現的頻率、意義等事項的軟體
記憶體內建資料分析	能夠在電腦記憶體中以更高速度處理大數據

儲及資料分析的基礎架構並存。

在過去十年間，任何一種商業趨勢，都沒有像大數據一樣，對於既有的資訊投資項目，擁有這麼大的潛在影響力。確實，大數據承諾——或說是威脅，看你怎麼想——要顛覆許多公司中原本使用的技術。與大數據相結合的技術解決方案，正改變資料在分析之前的儲存與處理方式，以及用於做這些事的軟硬體。有些大數據技術確實很新，但有些已存在一段時期，現在只是以不同方式運用而已。在下一節裡，我會區辨這些技術間的不同之處。

大數據技術真正不同於以往之處

很多關於大數據如何不同於前的討論，焦點都放在處理大量未結構化資料的技術上。這種技術確實是新東西，但最吸引大眾關注的技術，並不代表就是最值得關注的技術。大數據的技術，最重要的地方畢竟還是在於如何為組織帶來價值——降低成本、提高處理資料的速度、開發新產品或服務，以及利用新資料與新模型改良決策。

不過，大數據的結構化工具，也值得在這裡花幾段篇幅談論，因為身為管理者的你，必須決定是否要在組織內予以建置。大數據的技術中比較不同於前之處，主要在於傳統的資料庫軟體或單一伺服器處理不了那樣的資料。傳統的關聯式資料庫，是以整齊的列與欄格式呈現數值，但大數據則會以各種不同的格式出現。因此，已有處理大數據的新一代資料處理軟體問世。你會聽到人們談論Hadoop，一種用於把資料分散到多台電腦裡、開放原始碼的軟體工具組與架構；它是一種統合式的儲存與處理環境，對於為數龐大的複雜資料具有高度可擴充性。大家有時候會以Apache Hadoop稱呼Hadoop，因為最常見的版本是由阿帕契軟體基金會（Apache Software Foundation）所支援。不過，就像開放原始碼計畫的常見情形一樣，許多商業供應商，也開發了自己版本的Hadoop。

為何需要Hadoop？原因之一在於，大數據的資料量意味著它無法在單一伺服器上迅速處理，不管運算能力再強都一樣。將運算作業——例如，把許多張不同圖片拿來和某張圖片比對，找出相同圖片——分割到多個伺服器處理，可將處理時間縮短為原本的百分之一以下。幸運的是，大數據的出現，剛好與平價的量產伺服器（而且內建許多運算處理器，有時可達數千個）出現的時間契合。另一種常用工具叫MapReduce，這是一種由谷歌開發的架構，用於將大數據的處理分散到一組相連的電腦節點上。Hadoop就使用了一種版本的MapReduce。

組織必須學習的，決不會只有這些新技術而已。事實上，過去幾年來，大數據的技術環境，已經產生大幅的變動，而且還會持續下去。市面上出現了諸如「列式資料庫」（或稱垂直資料庫）等新型資料庫；出現了新型程式語言——用於大數據的Python、Pig，以及Hive等互動式腳本語言尤其熱門；出現了處理資料的新硬體架構，像是大數據設備（專用伺服器），以及記憶體內建的資料分析能力（完全在電腦記憶體內做資料分析的運算，不必在磁碟上不時讀寫）。

大數據的技術環境還有另一個層面不同於傳統資訊環境。在過去，資料分析人員的目標是要把資料隔離到不同資料庫中供分析用——基本上會使用資料倉儲（裡頭存放多種各有不同目的、對應不同用途的資料集）或資料超市（通常只針對單一用途或事業部門，存放較小量的資料）。但面對大數據的資料量與速度——別忘了，大數據有時候就像是一條流動快速、永不止歇的資訊之河——意味著它只要一轉眼的工夫，就能抵銷掉任何的隔離。我舉個例子：eBay會從顧客那裡收集到龐大的線上點擊流資料，在它的資料倉儲裡，存放了超過40PB的資料——遠比大多組織願意存放的資料量還多。該公司在一組Hadoop伺服器叢集中還存放了更多資料——但似乎沒人知道具體的量（而且數字每天都在變動），可以確知的是遠超過100PB。

因此，在大數據的技術環境中，多數組織都使用Hadoop或類似技術短暫儲存大量資料，但隨即又把它們往外送，進行新的批次處理。由於資料持續不斷，時間只夠做一些（通常是初步的）分析或探索。這種資料管理方式或許無法逼退企業級資料倉儲（EDW）的管理方式，但看來至少有補其不足的功用。

關於大數據的處理，有好消息也有壞消息。好消息是，許多大數據技術都是免費的（像是開放原始碼軟體）或相對廉價（像是量產伺服器）。你甚至可能完全省下資本投資；雲端往往也有軟硬體技術可以使用，或者也可以用相對低廉的成本「用多少買多少」。壞消息是，大數據技術相對來說在建造與寫程式方面較為勞力密集。公司的技術人員必須極度關注，甚至連擔任他們主管的人也是一樣。大多組織過去都只有一種方式儲存資料——大型主機上的關聯式資料庫。但在今天以及可見的未來，還有許多技術可供選用，你也不能只是開一張鉅額支票給IBM、甲骨文（Oracle）、天睿（Teradata）或思愛普（SAP），就要他們全部包辦。為避免做出錯誤決策，你和公司必須做些功課。

知道大數據中哪些部分不是新問世也很重要，其實就是分析的方式。我目前提到的技術，不是用於儲存資料，就是用來把未結構化或半結構化資料轉為典型的欄列數字。在這種格式下，就可以和任何其他資料集一樣進行分析了，只不過數量比較大而已。你也可以建置多台量產伺服器負責分析，但分析時要用到的基本統計與數學演算法則，並沒有太大的不同。

用於將未結構化資料轉為結構化數字的方法，也不是全新玩意。例如，過去若要分析文字、語音與影片資料，我們一樣得轉換為數字再分析。從數字中或許可看出某種用詞或某個畫素出現的頻率，或是文字或語音聽起來帶有正面或負面情感。這裡頭唯一有新意的地方在於，轉換的速度更快，成本更低。但是請記住，轉換之後還是得透過資料分析技術，經摘要、分析並找出相關性後，才有意義。

組織用來分析大數據的工具，和過去分析資料時沒有太大的不同，包括負責基本統計處理的專有軟體（像是SAS或SPSS）或開放原始碼軟體（像是R）在內。不過，過去做統計分析時，必須先建立假說，由分析人員或決策者先設定假說，再檢驗它是否有資料相吻合，但大數據分析則不然，比較可能牽涉到機器學習。

有人以「自動建模」稱之的這種手法，會套用多種模式到資料上，以找出最吻合的模式。機器學習的好處在於，它可以在極快的速度下建立各種模式、解釋快速變動的資料，並預測資料間的關係。壞處在於，機器學習常會得出一些難以解讀與解釋的結果。我們可以確知的是，電腦程式找到了在某種模式中很重要的特定變數，但要知道為什麼就很困難。即便如此，由於大數據生成的速度與數量，某些狀況下，建置機器語言還是很重要的。

大數據的技術堆疊

和所有策略性技術的趨勢一樣，大數據也帶來了一些讓它有別於傳統體系的專精功能。圖表5-2是大數據技術堆疊（技術階層）中的典型構成元素。

圖表5-2 大數據技術堆疊

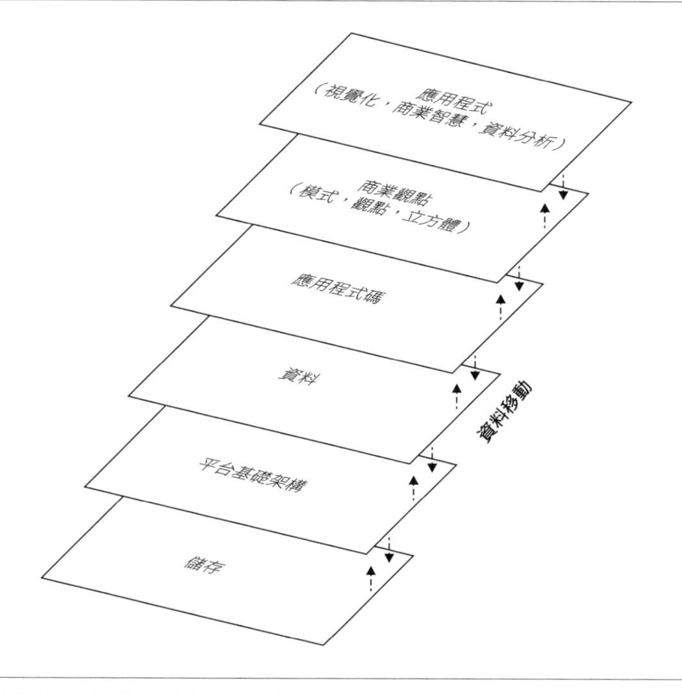

資料來源：SAS最佳實務，2013年

堆疊中的各構成元素，都已針對大數據的大量、未結構化或半結構化的特性，完成最佳化。把這些移動式元件組在一起，就是一個經過微調、可用來做高效能特殊處理與儲存的全方位解決方案。

儲存

大數據的儲存和過去沒有什麼特別的不同，唯一不同的是低成本。隨著磁碟技術變得更量產化與更有效能，現在在磁碟上儲存多樣化大量資料的成本效益，已經變得更好。在Hadoop環境中，基本上會把資料儲存在多個連接到量產伺服器的磁碟上（固態儲存的成本仍然太高）。EMC等儲存業者，都推出讓磁碟的增設變得更快、更便宜的儲存解決方案，支援在資料數量增加後同步擴增儲存能力。事實上，有愈來愈多的資訊主管，都把Hadoop看成一種用於存放，以及快速提取大量歷史資料的低成本選擇。

平台基礎架構

大數據的平台，基本上是由各種能以高效能處理大數據的功能集合而成的。平台具有整合、管理大數據，以及對大數據做複雜運算處理的能力。大數據平台通常包括Hadoop環境（或類似的開放原始碼計畫）——你可以把它看成是大數據的運作引擎。它的能耐往往高得令人意外，保險巨頭USAA的一位資訊工程師提姆．禮雷（Tim Riley）在一次的訪談中就表示：「開始使用時，我們知道Hadoop有許多可運用之處，因此我們把一些資料載入Hadoop。在迅速做了一些計算後，我們才意識到，自己載入的這些資料，超出了我們的資料倉儲所能負荷。真的很令我印象深刻。」[2]

像Hadoop這樣的開放原始碼技術，已成為大數據實質上的處理平台。大數據技術的問世確實意味著，針對資料分析的解決方案，要討論的東西基本上已經變了。未受傳統資料倉儲束縛的企業（其中很多都是高科技新創公司），現在只要設置Hadoop平台，就能把複雜作業隔離開來，並將大量的未結構化資料，轉換為可供分析的結構化資料。

不過，如果以為Hadoop就是終極版的大數據平台基礎架構，可能就不盡然了。它只是用於滿足此目標的第一批工具之一而已，市面上已有多種替代選項存在，有些是新技術，有些則已經廣為人知，而且未來還會出現更多新選擇。我會在本章後面部分提到，Hadoop在大企業內部，還是能夠與發展自傳統資料倉儲與資料超市的平台基礎架構並存。

資料

大數據涵蓋的範圍之廣之複雜，正如它的應用一樣。隨便舉幾個例子，大數據可以來自於人類基因序列、油井感應器、癌細胞行為、棧板上的貨物位置、社群媒體互動，或是病患的生命徵象。在大數據的技術堆疊中，資料這一層的存在，意味著資料自成一種資產，需要另行管理與治理。

對此，一份2013年針對資料管理專家所做的調查發現，在339位應答的受訪者中，有七成一承認，自己「尚未著手規劃」大數據策略。[3]至於可能有礙於採納大數據的重大因素，受訪者列舉的事項包括資料的品質、即時性，以及安全性等。由於大數據對多數企業來說都是略帶實驗性的新東西，管理大數據的優先順位，基本上都會低於管理小數據。如果某公司或某產業仍在為基本交易資料的整合與品質奮戰，要移往大數據恐怕還得花上一段時日。

例如，正在導入電子病歷系統的醫療業就是如此。卡羅萊納醫療系統（Carolinas HealthCare）進階資料分析副總裁亞倫・奈度（Allen Naidoo）觀察道，「既優先於從事我們所做的資料分析，又同時整合資料、技術，以及其他資源，是很大卻也很重要的挑戰。」[4]這個由多家醫院聯合組成的體系，確實有一些計畫，要在釐清關於基因資料一些較複雜的治理與政策議題後，把它列入大數據的藍圖中。

但就像卡羅萊納醫療系統一樣，多數企業在大數據方面，仍處於資料治理的早期階段。對內部的結構化資料來說，這已經是夠困難的問題了；大多機構都得處理諸如「顧客資料隸屬於誰？」或是「負責更新產品主檔的是誰？」之類的問題。由於大數據往往來自組織之外（例如網路、人類基因組或手機位置感測器），要怎麼治理往往會是很詭譎的問題。資料的擁有者更為不明確，對於持續產生的資料之管理責任也大多沒有定義清楚。我們還得和大數據的資料治理問題奮戰一段時日。

應用程式碼

正如大數據的內容會隨著商業應用改變，用於操作與處理資料的程式碼也可能改變。Hadoop所使用的MapReduce處理架構，除了負責將資料分散到多個磁碟中，也負責把複雜的運算指令應用到資料上。為配合平台的高效能能耐，MapReduce的指令都是在大數據平台的多個節點平行處理後，再迅速重組起來，提供新資料結構或答案組合。

大數據在Hadoop的應用實例之一是「在社群媒體上找出有多少喜歡我們公司而且深具影響力的顧客」。可藉由文字探勘的方式消化社群媒體上的互動內容，找尋諸如粉絲、喜歡、購買或超讚之類的字眼，整理出一份影響力強、對公司帶有正面情感的重要顧客名單。

阿帕契的Pig與Hive是兩種用於Hadoop的開放原始碼腳本語言，可提供用於在應用程式碼中貫徹MapReduce功能性的高階語言。Pig可提供用來描述讀取、篩選、轉換、合併，以及寫入資料等動作的腳本語言；它是一種比Java更高階的語言，容許更高的程式生產力。還有一些組織則使用Python開放原始碼腳本語言完成這樣的工作。Hive也有類似功能，但較為批次導向，而且可將資料轉換為適於以結構化查詢語言（Structured Query Language；SQL；用於在資料庫中存取與操作資料）查詢。對於熟悉SQL的分析人員來說會很好用。

商業觀點

堆疊中的商業觀點這一層，是要讓大數據做好接受進一步分析的準備。視大數據應用的不同，透過MapReduce或慣用程式碼的額外處理，或可用於建構中介資料結構，可能是統計模型、平面檔案、關聯式表格，或是資料立方體。所產生的結構可用於做額外分析或提供給發展自SQL的傳統查詢工具查詢之用。很多供應商正轉為採用所謂的「在Hadoop上使用SQL」手法，原因很簡單，SQL已在商業上使用幾十年，很多人（以及高階語言）都知道如何建立SQL查詢。這樣的商業觀點，可確保已經存在於組織內部的工具與知識工作者，更能夠運用大數據。

應用程式

大數據的處理結果會在這個階層接受企業用戶的分析與呈現，或是提供給其他系統做自動決策之用。如同我在本章前面所言，大數據的分析與傳統資料分析並沒有太大差異，差別只在於前者比較能由機器學習完成（自動找出最適切模式的工具），使用記憶體內建與高效能資料分析環境等較快速的處理工具，以及視覺化分析。所有這些工具，都會在大數據技術堆疊的這一層派上用場。

我也提過，許多大數據的用戶喜歡以圖像形式呈現分析結果。但不同於用途特定的商業智慧技術，以及過去那種內容繁雜的試算表，資料視覺化工具，讓一般企業人士能夠以直覺性的圖像方式檢視資訊。

圖表5-3的資料視覺化結果，顯示的是針對同一批資料的兩種不同分析角度。第一種角度顯示的是，不同代的通訊網路技術在不同區域的通話中斷情形。第二種角度顯示的是每小時通話中斷的情形，像是在4G通訊網路中，通話開始於下午五點時，中斷的百分比較高。這樣的資訊可以提醒通訊營運商深入研究，找出網路問題的根本原因，以及哪些高價值的顧客可能因而受影響。

圖表5-3　無線營運商的資料視覺化

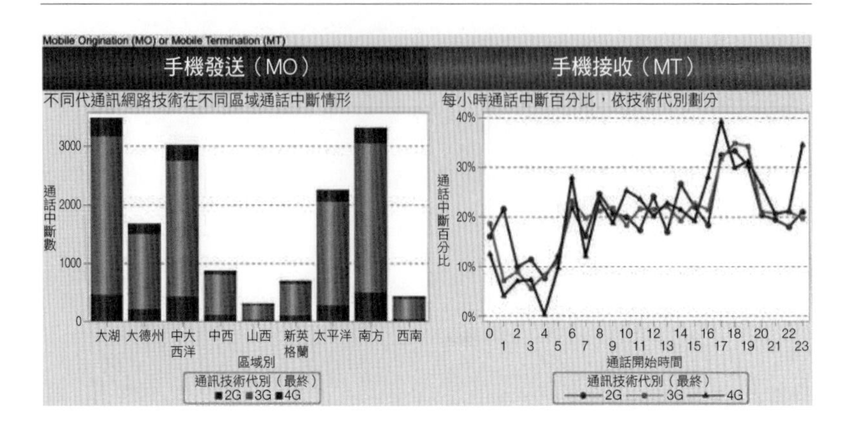

像這樣的視覺化結果，網路營運商可以拉到自己的桌上型電腦裡，也可以傳到當地一位維修人員的行動裝置裡。這可以縮短影響甚鉅的故障報告表上的故障修復時間，而且只要過去幾分之一的時間就能完成——如果照以前的做法，還得從眾多計費與顧客系統中找尋、評估、載入，以及整合資料。

資料視覺化雖然一般來說很受管理工作者歡迎，但如果分析後得到的主要產出是多變量分析模型，會比較難視覺化；人要理解超過二維的圖像會有困難。現在有些資料視覺化程式，會根據資料的類型以及變數的多寡選擇最適切的視覺呈現方式。當然，假如大數據分析過後的主要產出是自動化決策，就沒必要再做視覺化了。電腦比較喜歡處理數字，而不是圖像！

應用程式階層還有另一件事可做，就是以文字形式產生自動化敘述。大數據的用戶常會討論到「用資料講故事」，但他們卻不太常敘述資料（反倒是使用圖像）。Narrative Sciences與Automated Insights都採用這種呈現方式，運用原始資料直接創造故事。這些公司一開始使用自動化敘述是為體育競賽寫報導，但後來也用在財務資料、行銷資料，以及許多其他類型的資料上。支持這種應用的人認為，如果要根據資料說故事，這會是很好的工具——有時候故事講得比人類還好。

當然，這裡講的技術堆疊並非必然獨立存在。在有規模的大企業裡，勢必得和其他用於資料倉儲與資料分析的多種技術並存與整合。下一節就來談談整合。

大數據技術的整合

今天許多有規模的大企業，都很有興趣利用大數據技術，但是公司內部卻又有多種既有的資料環境與技術要管理。例如，永遠都在努力了解病患就醫過程的醫療機構，就希望能運用大數據技術管理病患的救醫循環，從一開始的醫生看診與診斷，到復健與後續追蹤為止。要管理這樣的就診循環，得用到結構化與未結構化的大數據——像是社群媒體互動、醫師記錄、放射影像，以及藥劑處方等等——這些大數據可移植到病患的健康紀錄中，讓它更充實。接著，這些資料可以存放在

Hadoop中，再次移植到作業系統裡，或是透過資料倉儲或資料超市做好進一步分析的準備。

圖表5-4介紹的是一個簡單的大數據技術環境，這個用於儲存與處理資料的環境，是以Hadoop為中心。小規模的大數據新創公司可能就採用這樣的環境，因為它的前提是沒有任何用於管理小量結構化資料的傳統技術環境存在。

請注意，在這個例子裡，資料本身有多種異質來源，包括電子郵件、網路伺服器紀錄或圖片等較分散的未結構化或半結構化資料。這些資料來源愈來愈常出現在公司的防火牆外，屬於外部資料。採用大數據量產等級環境的企業，會需要更快速又更低成本的方式，來處理大量的非典型資料。試想，能源業者要處理來自智慧型儀器的資料串流、零售業者要追蹤店內的

圖表5-4　大數據技術的生態系統

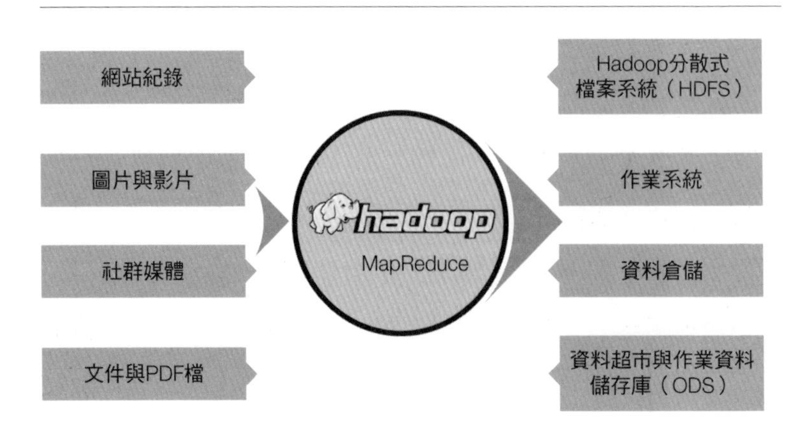

智慧型手機導覽路徑，或是LinkedIn要運用數百萬筆的「這是你同事」的推薦訊息，需要多少的運算馬力？

遊戲公司透過線上遊戲讓玩家和朋友連繫的能力也一樣。「在大數據出現前，我們既有的基礎架構是很典型的那種，」一位高階主管在訪談中說道。「和大多公司一樣，我們設有資料倉儲與許多ETL（擷取、轉換、載入資料的）程式，資料都是比較隱晦的。這意味著我們的資料分析也是比較被動式的。」這家遊戲公司不但全面翻新資料分析的技術堆疊，連處理資料時的指導原則、所強調的商業相關性，以及可擴充性，也都改頭換面。該公司採用了Hadoop，並開始使用進階的資料分析演算法則，以達成更精準的預測，並藉以實現商品與訂價的最佳化。該主管解釋道：「等到我們真正有能力利用大數據技術，將可聚焦於玩家的整體原型上。所有關於玩家的資料將更為精準，提供我們足以從玩家連結到遊戲，連結到她朋友、連結到她朋友在玩的遊戲，連結到她過去的付款與購買歷史，以及連結到她遊戲偏好的特質描述上。資料是把一切都串在一起的黏膠。」[5]

Hadoop提供了這些公司一種既能迅速消化資料，又能處理與儲存資料以供未來重新使用的方式。由於這種優異的價格性能比，有些公司甚至寄望能用Hadoop取代資料倉儲，有時也同時使用自己熟悉的SQL查詢語言，好讓公司使用者更容易運用大數據。當然，也有很多大企業因為已經投資數百萬美元，建置了EDW之類的資料分析環境，因此暫時沒有汰換的打算。

目前多數大企業採行的做法

多數大企業裡，典型的資料分析環境，也包括以下幾項：充當資料來源的作業系統；用於存放以及理想狀態下也能整合資料、供多種資料分析功能使用的資料倉儲或聯合式資料超市；一組讓決策者能夠使用即席查詢、儀表板，以及資料探勘的商業智慧與資料分析工具。圖表5-5描繪的就是大企業典型的資料倉儲生態系統。

圖表5-5　典型的資料倉儲環境

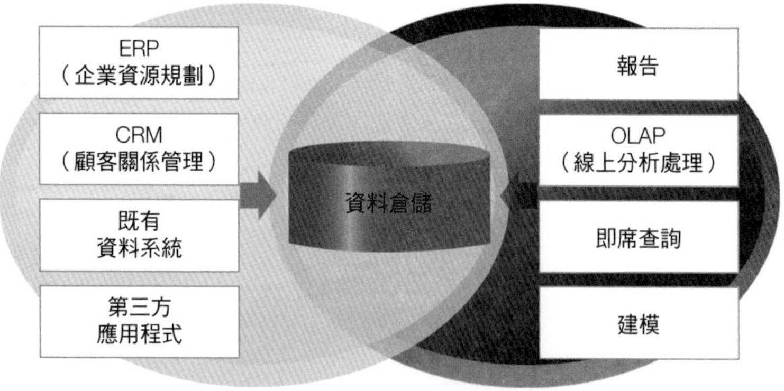

ERP
（企業資源規劃）
CRM
（顧客關係管理）
既有
資料系統
第三方
應用程式
資料倉儲
報告
OLAP
（線上分析處理）
即席查詢
建模

資料來源：SAS最佳實務。

事實上，大企業已斥資數千萬美元購置硬體、平台、資料庫、ETL 軟體、商業智慧儀表板、進階資料分析工具、維修合約、升級版、中介軟體，以及儲存系統，為公司建立企業級的穩健資料倉儲環境。

在最好的情況下，這些環境可能已協助公司了解，顧客在不同管道或關係下的購買與行為模式、精簡銷售流程、實現產品訂價與包裝的最佳化，以及促成與潛在顧客間更多有價值的交談，進而強化品牌。在最糟的情況下，公司可能過度投資於這些技術，而且很多技術在資料分析上的表現都不足以讓投資回本，公司必須視資料倉儲的基礎架構為沉沒成本，只剩下最低限度的商業價值。

最佳實務企業不會把商業智慧與資料分析視為聚焦於集中平台的單一專案，而會看成是一系列長時間建置起來的商業技術，運用的是一般基礎架構與可重覆使用的資料。大數據則帶來了新機會——企業可拓展此一願景，建置新技術，以實現既有系統在處理時無法做到的最佳化。

把片段拼起來

一般而言，已大舉投資資料倉儲的大企業，既無資源也無意願，無緣無故把原本運作得很順暢的環境替換掉。如圖表

5-6所示，大多數的大企業都採用並存策略，把舊有資料倉儲與資料分析環境的優點，和大數據解決方案的新功能結合在一起，這對雙方面來說都是最佳策略。

很多公司仍持續仰賴既有資料倉儲產生標準商業智慧與資料分析報告，像是區域性銷售報告、顧客儀表板，或是信用風險紀錄。在新舊並存的新環境下，資料倉儲可持續負責標準作業量，使用來自舊有作業系統的資料與所儲存的歷史資料，提供傳統商業智慧與資料分析結果。但這些作業系統假如需要大數據環境做運算處理，或是需要做原始資料的探索，仍可移植大數據環境。企業可根據不同平台的用途，把作業分派到正確平台。

圖表5-6　大數據與資料倉儲並存

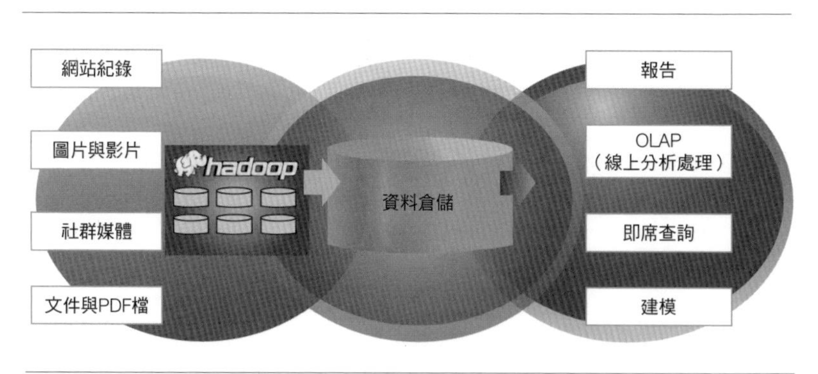

資料來源：SAS最佳實務。

不同資料環境的並存，不但把對既有資料分析功能的干擾降到最低，還可同時讓可能因為速度變快而受益的新事業流程或策略性事業流程運作得更快。圖表5-6顯示出，大數據環境可充當企業資料倉儲的資料來源。另一種可能性是，Hadoop可充當用來分段與探索的區域——某家公司稱此為「資訊精煉過程的最初幾個階段」——對象是那些最後可移植到資料倉儲供後續分析之用的資料。有些組織已把它當成資料轉換、探索，以及發掘型態與趨勢前，最初的「預處理」步驟。不過，除了當成探索平台外，確實還有其他運用的可能性，天睿的Aster平台就是一個。

規模較大的組織，很可能仍有其他根本上更複雜的替代方案可以儲存與處理資料。例如，我訪談過的一家大銀行，就採用了四種不同的方案：有Hadoop伺服器叢集，有天睿Aster大數據平台，有管理資料上限制較少的「輕便版」資料倉儲，以及「重裝版」的EDW。為何要有這麼多選擇，它們又為公司帶來了什麼？

首要的是該銀行的大型天睿EDW。和所有這類環境一樣，把資料存放在這裡毫無效率可言，假如是相對來說較缺乏結構的資料，就更是如此。新興的未結構化資料類型，與幾乎所有EDW藉以運作的關聯式資料模型極不契合。把資料從交易系統中取出，載入EDW的ETL流程，過去往往是負擔大的作業；假如要處理大量的高速資料，就真的會是問題了。不過，EDW依然是放置量產級應用程式、專注於資料分析（傾向評分、即時偵測詐騙等等）的最佳地點。

該銀行還擁有幾個較小的天睿資料倉儲（非正式名稱是「天睿Lite」），它們存取資料的流程較不結構化。這些資料倉儲基本上比較小也比較聚焦——趨近於「資料超市」類別——裡頭的資料敏感度較低，也較不是永久性資料。所以要存放資料供未來分析之用，已經有兩種選項了。

在替代性的平台清單中，接下來是什麼？該銀行和許多大企業一樣，很喜歡Hadoop伺服器叢集的價格性能比，因此也投資了一個，得到的是用於探索與存放資料的快速廉價工具，而且可以在上頭做初步分析。不過，該Hadoop平台由於較缺乏安全性、備份及版本的控管，以及其他資料管理的保健功能，因此只適合做為資料探索與短期存放重要性較低、無機密疑慮的資料之用。它的使用得靠資料科學家——要具備Hadoop與MapReduce的技能，以及關於腳本語言的知識。該銀行的資料管理人員很想知道，學會技能的成本，會不會高過於該平台所能省下的軟硬體費用？但目前尚無正式的會計核算。

不過，該銀行又購置了另一個用於探索大數據的天睿Aster平台。該平台允許快速處理資料，像是把銀行網站上和顧客的互動「區段化」，以及一些分析功能。該銀行很開心分析人員可以用SQL語言為該平台建立查詢功能，不必再學花錢的新技能。

因此這四種平台都有它的利基。有些是用來長期存放資料，有些是短期暫放；有些是用來探索資料，有些是量產應用；有些容許在平台內做相當程度的資料分析作業，有些則必須在平台外做。該銀行正努力建立決定資料去向的明確流程。雖然它很開心擁有這麼多資料管理的平台可以選擇，但無可否認的是，銀行目前的環境，已經變得比過去要複雜許多。在環境真正簡化下來之前，很可能只會愈來愈複雜。

2013年底，行動裝置的數量應該已經超過地球總人口了。[6]這會帶來龐大的機會，也會造成高度的複雜性。只要能善用取自於多種新技術來源的資料，企業將可對顧客行為與偏好有更豐富的了解——無論是既有顧客或未來的潛在顧客。大數據技術不但能擴充處理更大量的資料，而且更有成本效益，還支援多種新資料與新裝置。組織有多大的願景，這些技術就有多大的可能性。

準備採用大數據的企業，若能設想好想要解決的特定企業問題，就能更具體知道，需要哪些功能性的能力，以及需要什麼大數據計畫及能協助實現的服務供應商。無論是要取得大數據的新技術，還是要重新設計既有技術以因應大數據的美麗新世界，這樣的做法都能提供相關資訊。

經理人行動方案

大數據的技術

- 如果你不是資訊部門的人，你是否曾和該部門的人討論過如何把大數據能力加進目前的資訊基礎架構中？
- 你是否曾研究過，公司有什麼初步性的問題是大數據的新技術可能幫忙解決的？
- 你是否特別關注未來可能持續在組織中扮演特定角色的既有資訊技術？
- 你是否具備適切的技術基礎架構與建置能力，開發或修改出符合需求的大數據解決方案？
- 這些新解決方案是否需要和既有平台「對話」？假如答案是肯定的，你要如何促成？是否有開放原始碼專案與工具可以提供你切入的角度？
- 假設要你一口氣取得所有大數據所需的技術並不可行，你是否能為重要的大數據解決方案訂定分階段取得的計畫，並為每個階段找到所需財源？

大數據的成功條件

我會在本章談談，除了技術之外，大數據還需要什麼成功條件。其中一部分已在其他章節提及，在此我會採取更綜合性的切入角度。由於第七章與第八章分別會談大數據在小企業（與線上企業）以及大企業的實施情形，本章我不會預設特定的組織規模。

再探DELTA

幾年以前，我為組織在內部建置資料分析的能力，發明了一個DELTA（資料〔data〕，企業〔enterprise〕，領導團隊〔leadership〕，目標〔target〕，分析〔analysis〕）模式。令我開心的是，過去幾年裡，有不少組織都採用過這樣的模式。國際數據分析研究所（International Institute for Analytics；一家幾年前我和人共同創辦的機構）所用的評估工具，就是以此為基礎。我已經修改了評估模式，使其適用於大數據，這部分會放在附錄裡介紹。由於我在《工作中的資料分析》一書中，已詳細討論DELTA模式，關於它在傳統資料分析中如何應用，在此就不贅述。不過，把模式中的五個因子拿來在大數據的分析與傳統資料的分析間比對，還是有些意義。

如圖表6-1所示，其中一個差異之處在於，這些因子顯現出，大數據的資料分析對於各項目的注重程度，有別於傳統資

圖表6-1　傳統資料分析與大數據下的DELTA模式

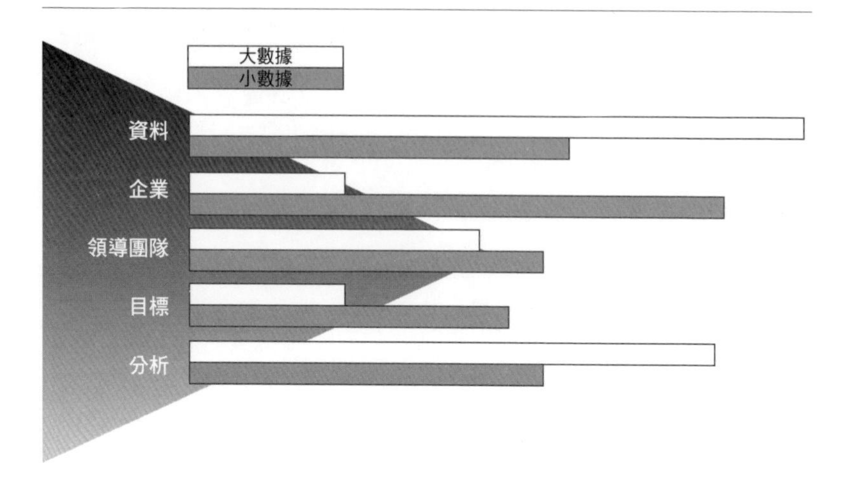

料分析。在接下來的幾節裡，我會談談為何會有這樣的不同，以及大數據在該項目下的焦點何在。

大數據的資料

資料本身當然是大數據計畫能否成功的最重要因素之一。如圖表6-1所示，大數據情境下，比起過去在小數據的傳統資料分析作業，資料因子受到的關注多得多。不消說，如果你手邊沒有資料，要應用大數據就很辛苦了。資料這個字除了是「大數據」這個名稱的一部分以外，對大數據來說也很重要，因為在開始分折資料之前，主要焦點都放在擷取、處理資料，以及為資料建立結構上。

大數據計畫中，絕大多數與資料相關的作業，都涉及開始分析資料前的階段：找出可能的資料來源、經過處理將未結構化資料轉換為結構化資料，以及將多個來源的資料整合到同一資料集中。很多組織都把這些作業視為資料科學的主要活動。這些活動——除了資料整合是例外——在傳統資料分析中都比較少見。有些活動，像是確認新資料類型或特有資料類型，這對於小數據或大數據來說都很重要。最後一點，有些資料管理活動，在傳統資料分析領域中比大數據來得先進。

到目前為止，大多數發展大數據環境的組織，都沒有大量推動過與傳統資料管理有關的活動（包括資料治理在內，如同我在第五章提到的）。不過，還是有少數出色的企業，開始將資料科學活動與傳統資料管理的優點結合起來。對於運用大數據的企業來說，會需要關於資料基礎架構、後設資料、資料品質、校正流程、資料管家與管理儀表板、主資料管理中心、匹配演算法等層面的扎實知識，或是一些特別和資料有關的議題，做為長期的策略性差異化因子。最有資料治理概念的公司，將會發展出足以涵蓋所有資料類型的治理手法。保險業者USAA很明顯會是其中一家。長久以來，在外界的認知中，該公司其實是一家在資訊科技的應用上走在很尖端的企業。在USAA擔任資訊工程師的提姆・禮雷在一次訪談中評論道：

「我們正把資料治理融入到大數據流程中。我們加入了後設資料，也會設定資料分類等級，以了解資料的使用情形。我們正與未曾打過交道的新型態資料打交道。我們也會找出在過程中一些必須掌握的特質與後設內容。」該公司商業智慧傳遞暨治理部門的執行總監香儂．吉伯特（Shannon Gilbert）也表示，「我們的資料治理工作將會遍及所有角落。我們會把它應用在各個資料倉儲、資料超市，甚至各個作業系統上。畢竟，我們把資料看作企業資產，也以對待資產的方式對待它，無論資料應用到哪裡去都一樣。」[1]

不可否認，這樣的資料治理工作是一種健全的做法，但企業方的某些人（相對於資訊人員）可能對於這類資料管理能耐較無興趣。事實上，我就聽過有人抱怨（雖然不是在USAA）資訊部門硬要推動這樣的東西。一位銀行業的技術人員說，他們銀行正在研擬更快速探索大數據的方法，但接著卻又懊惱地說，「等到我們交給資訊部門，他們卻又大幅放慢事情的進展速度。」資料治理、安全性，以及可靠性，未來仍會是急著採取行動的資料科學家與大數據支持者，和資訊部門產生衝突的一項議題。

基本上，過去我是把資料分析技術也放在DELTA模式中「資料」的類別下。不過，在大數據環境中，技術已經是足夠重要的資源，值得再特別給它一個字母。但技術我已在第五章談過，這裡就不再贅述。不過，假如你打算採用DELTA模式評估與改善公司的大數據能耐，你可能會想把DELTA修改成DELTTA（多出來的T代表技術）。這正是我會在附錄中使用的版本。

大數據的企業

在傳統資料分析中，全公司上下同心協力是很重要的——大家要分享資料、分享技術，以及分享組織內部的人才，一起實現資料分析的目標。但對於較早接納大數據的企業（主要是新創企業和線上企業）來說，這事情不太是關切的重點。這些公司的成員都很急於找點事情讓它有進展，至於這件事情與其他大數據和資料分析活動如何連結，就不是那麼重要。

這樣的狀況，在已經實施大數據計畫的大企業也很常見，因為這些企業通常都還處於早期階段——仍在驗證概念或探索資料，而非完全的量產應用——還需要一段時間，才會進入合理分配資源或是結合多項專案、創造綜效的階段。

不過，我會在第八章詳細提到，有件事會最先需要企業內部的協同作業：大企業內部將大數據與傳統資料分析整合起來的工作。我採訪了二十家正發展大數據計畫的大型機構，沒有一家在處理大數據時，完全不管傳統資料分析。同樣的組織與成員，必須透過技術的結合，同時處理雙方面的問題。我相信這是件好事，如果在雙方面各自發展能耐，將導致重覆與混亂。

只是，即便大企業確實會整合大數據與傳統資料分析，目前看起來似乎仍然不常看到需要全公司上下高度合作的大數據計畫。大部分不屬於線上企業的公司，基本上都只有一兩個大數據計畫，因此對於內部的合作尚無強烈需要。未來，我們或許會看到有些公司推動跨部門或跨單位的大數據計畫，到時候對於內部協同作業，應該就會有較大的需求，就像過去傳統資料分析計畫一樣。只不過，目前這還不是主要關注的焦點。

大數據的領導團隊

領導團隊在傳統資料分析的計畫中是關鍵因素，在大數據中也同樣重要。我手邊並沒有許多企業領導者實際承諾推動大數據的例子，所以在這項因子的部分，我讓小數據稍微領先一點，如圖表6-1所示。不過，對於這些相對數目較少的大數據領導者所採取的做法，我們可以開始做一些概括性的描述。至少，他們和互為對照的傳統資料分析領導者比起來，還是有些許不同。

大數據領導者的一項關鍵領導特質在於，他們很樂於針對大規模的資料推動實驗性的活動。至少在此時此刻，支持大數據還是需要一些學習來的信心。它的投資報酬率很難事前定義——特別是在牽涉到新產品、新服務或加快決策流程的狀況下。若處於探索階段，就更是如此。正如Aster Data（現在已經是天睿Aster）共同創辦人塔索・亞吉羅斯（Tasso Argyros）所言，「很少會有為探索活動準備的預算。」[2]

但還是有一些領導者樂於帶著信心、冒險進入大數據的世界。例如，LinkedIn的共同創辦人暨PayPal創辦人雷德・霍夫曼（Reid Hoffman），就很清楚在線上的異動資料中，蘊藏著許多能夠具體予以運用的機會。開始找資料科學家進入產品工程部門，也是他的主意。他鼓勵這些人不但要努力開發新產品與新服務，一旦自己的想法在流程裡或在公司的階層制度中卡住時，要直接和他聯繫。

一位由霍夫曼協助找進LinkedIn的資料科學家強納生・高曼（Jonathan Goldman），在想出後來發展為「你可能認識的人」（People You May Know, PYMK）這種新應用時，便做了這樣的事。[3]這種功能可向用戶推薦一些背景條件和該用戶雷同、用戶可能會想要在網路上連繫的對象。高曼開發出PYMK的早期原型，但是產品工程部門卻不願意把它加到LinkedIn網站中，甚至連試都不想試。

在高曼帶著自己的困擾去找霍夫曼後，霍夫曼批准他在

LinkedIn網站上擺放測試用的廣告，結果這些廣告的點擊率是有史以來最高的。高曼又持續改良了提供給用戶的建議資訊產生的方式，把「三角密切度」(triangle closing) 之類的人際連結概念又加了進來——意指假如你認識賴瑞與蘇，那麼很可能賴瑞與蘇也彼此認識。高曼與他的團隊，還設計成用戶只需要點擊一下，就能回應系統給予的建議。

LinkedIn的高階管理者很快讓PYMK變成標準功能，這時，LinkedIn才真的紅了。我在第一章已經講過，PYMK的訊息帶來的點擊率，比其他促使用戶回到網站的活動多了三成。數百萬名原本可能並無此意到訪的用戶，因而反覆到訪。單單託這項功能的福，LinkedIn的成長曲線明顯朝上；據統計，PYMK也帶來了幾百萬名新用戶。如果不是高曼的點子以及霍夫曼的支持，這事可能不會發生。

資料科學家未必非得像這樣，直接找公司董事長不可；但假如高階主管能夠在大數據發展的早期，開放這種讓員工直接與自己溝通的管道，倒也不是壞事。若能為創新的想法與商品的發展去除障礙，也算是展現了對於實驗性做法的興趣。

在擁有豐富大數據的組織裡，領導者也必須抱持著某種程度的耐心。在任何令人有感受的回報出現前，或許需要相當程度的「在資料中攪和」之類的動作。甚至可能得保留資料好幾年，才能知道資料的價值何在。亞馬遜創辦人傑夫·貝佐斯

（Jeff Bezos）就有句名言，「我們從不丟棄資料」。原因很簡單，你很難得知，一段時間以後，這些資料對某項產品或服務來說，可能會變得很重要。

大企業的領導團隊，或許也必須扮演一些高階管理的新角色。據我所知，沒有什麼「大數據資深副總裁」的例子，但還是有些角色涵蓋了這樣的功能在內。在財務軟體開發商Intuit不但擔任資深行銷副總裁，同時也是大數據暨社群設計副總裁的諾拉・丹澤（Nora Denzel）就是一例（不過，事實上大數據其實還是擺第一位——她在公司的職稱是資深大數據、社群設計暨行銷副總裁）。同時扮演這些角色是有意義的；在該公司，大數據就是用來改良網站、建立顧客忠誠度，以及改善顧客滿意度——全都是行銷目標。

Intuit在利用大數據發展產品、服務與功能方面，成績斐然。例如，稅務處理程式TurboTax會根據用戶過去的經驗，告訴用戶他們的退稅接受稽核的可能性有多高。在小企業會計套裝軟體Quickbooks裡，顧客購買並列於財會紀錄中的產品，成了針對這些產品提供限定折扣（稱為「輕鬆省」〔Easy Saver〕）的依據。Intuit先前收購的兩個個人理財網站Quickbooks與Mint，都會告知企業主，公司的績效表現與成本，和其他小企業相比較的狀況。[4]

其他公司也有一些涉及將大數據與資料分析結合起來的

高階管理新角色。例如，保險業巨頭美國國際集團AIG，就找來長期帶領資料分析團隊的墨里・布魯斯瓦（Murli Buluswar）擔任科學長（chief science officer；CSO）——這是在大企業裡日益常見、與資料分析有關的C字頭高階主管。布魯斯瓦主掌多個資料分析計畫與團隊，大小數據都有。他在一次訪談中說道：「自從科學部門在AIG成立以來，我們的焦點就同時放在傳統資料分析與大數據上。我們會利用結構化與未結構化的資料，也會使用開放原始碼與傳統的資料分析工具。我們正處理諸如訂價最佳化等傳統的保險資料分析議題，但也正和麻省理工學院MIT合作，解決一些不同於以往的大數據問題。我們一向都採取這樣的整合性做法，未來也會持續下去。」[5]

我們已經開始看到愈來愈多像這樣的角色，什麼職銜都有。其中一種職銜是資料長（chief data officer；CDO），很多大銀行本來就有這樣的角色。原則上，我認為把對於資料管理與資料的職責，和資料的應用（也就是資料分析）結合起來，會是一件好事；不過，實務上，檯面上的大多CDO，似乎都把絕大多數的時間花在資料管理上，只花很少時間分析資料。他們也多半缺乏扎實的資料分析背景。

當然，還是有例外。約翰・卡特（John Carter）曾是Equifax的資料長，他帶領團隊為公司建立資料分析的能耐——而且同時在和諸多資料管理問題奮戰。卡特還是個統計學博士，但現在的他已經在嘉信理財（Charles Schwab）找到不同的工作。現為資深資料分析、洞察暨忠誠度副總裁的他，應該比較能夠專注於做一些協助公司應用大數據的事。

eBay還有另一種與資料分析大有關係的新角色。過去在零售商西爾斯（Sears）帶領資料分析團隊的佐賀．卡路（Zoher Karu），將成為eBay的新任顧客最佳化暨資料副總裁。卡路告訴我，公司對他工作原本的描述是「顧客資料分析」，但他覺得「最佳化」這個字眼其實更為強調「做出成果」。[6]其他像麥格羅．希爾（McGraw-Hill）等公司，正著手為應用大數據與資料分析，以及管理線上通路分別設置一名「數位長」（chief digital officer）。美國銀行（Bank of America）與富國銀行（Wells Fargo）也結合了這些角色，雖然並未使用相同的職銜。

也有一些C字頭的高階主管純粹專注於資料分析。費埃哲（FICO）、匹茲堡大學醫學中心（University of Pittsburgh Medical Center），以及美國總統歐巴馬在2012年的競選團隊等三個組織，都設置了資料分析長（chief analytics officer）。假如你對資料分析是認真的，不只是大數據所需的資料管理活動，而且希望為公司的各種部門與單位找來這樣的人，我會建議你設置這類職務與職銜。

大數據的目標

目標意味著組織必須選擇，要在公司的何處應用大數據與資料分析。從比較高的層次來看，要把這樣的資源用在供應鏈決策、顧客決策、財務決策、人力資源決策，還是其他領域？假設組織已將顧客決策列為最優先，接下來還必須排定不同顧客區隔的優先順序、提供目標顧客更好的商品、找出可能流失或離去的顧客、獎勵最忠誠的顧客，諸如此類。企業不可能利用資料分析同時做到每件事，因此選擇目標是必要的程序。

不過，在傳統資料分析與大數據並存的短暫歷史中，選定目標比較是前者會關注的事。許多組織的大數據計畫，都還只是在嘗試它是否管用的階段，也都還在驗證概念的階段。會選擇這些計畫，往往是因為方便推動，或是因為企業主或利害關係人願意做這樣的實驗。很少有組織在開始推動什麼之前，大家就已經決定好什麼是最重要或最具策略性的計畫。

雖然到目前為止，大數據計畫缺乏對於目標的關注，很明顯組織依然無法一次處理所有大數據，也不可能同時把大數據應用到所有可能因而受惠的領域中。因此，選定目標會是必要的動作。管理團隊必須回答以下幾個問題：

- 公司有什麼未經利用但可觀的資料資源？

- 公司的哪個事業流程最需要更好的決策？
- 公司在什麼層面能夠因為更快速的決策而獲益？
- 公司是否利用了大數據技術，處理可望有助於降低成本的大量資料？
- 公司可能利用資料發展何種產品或服務？這些資料最可能和公司的哪些部門相關、最可能派上用場？
- 產業中是否有其他業者可能運用大數據，造成公司相對不利？假如是，他們可能如何運用大數據？

既然大數據（在支援內部決策以外）也可以用於發展新產品與新服務，那麼以發展產品為目標的大數據活動，可能就必須提升與策略流程的整合。假如你正著手開發新產品，是否能利用大數據增加一些附屬特性——或許是以服務的型式呈現？如果你正考慮在產業中引發破壞式創新，大數據可能幫上什麼忙嗎？

大數據的資料分析人員

這主題我已在第四章談過，當時講的是大數據的人才面。這裡唯一要談的議題是，在大數據的時代，是否會比過去在傳統資料分析的時期，更需要聰明的分析人員？大數據對於資料科學家的重視程度，應該會比「那些年」在資料分析時對於量化分析師的重視程度來得高。但這並非因為資料科學家比較重要，只是因為公司不容易聘用到他們，而且它還是個迷人的新職稱。如同我在第四章講的，由於成功的資料科學家需要某種組合的技術性技能與資料分析技能，他們因而成了略顯稀少而難以聘用的族群。而且，你本來就需要聰明而有能力的人才幫忙分析企業資料，無論是何種類型的資料。假如你打算把大數據與資料分析當成發展事業的重要依據，像是谷歌、奇異、LinkedIn，以及其他我在本書提過的知名企業那樣，你會需要好幾百個這樣的人才。

影響大數據計畫成功與否的其他因素

我與人合著《工作中的資料分析》一書時，最初的想法除了DELTA模式外，還包括FORCE模式——這個字首組合不但有些蠢，對於建立資料分析能耐來說，也過度複雜（特別是在維持上）。就當成是歷史紀錄吧，FORCE這個字代表：

- 基於事實（fact-based）的決策
- 擁有資料分析人員及其他資源的組織（organization）
- 持續審視（review）事業假設與資料分析模式

- 能夠促進資料分析式決策以及「測試與學習」的文化（culture）
- 在主要事業流程中嵌入（embedding）資料分析能力

這些因子對大數據來說也很重要，但有很多已在本書其他章節談過了。因此在本章我只談其中兩個字母：C（文化）和E（嵌入資料分析能力——以及大數據——到主要事業流程中）。接下來的幾節要談的，是一些和大數據特別有關的議題。

文化

有所謂的大數據文化存在嗎？或者再講精確些，大數據文化與資料分析導向的文化有什麼不同嗎？二者只有些微的不同，希望利用大數據贏得成功的企業，若能擁抱強調資料分析以及根據事實決策的文化，倒也不壞。不過，據我的觀察，大數據文化確實有一些特質：

不耐於現況，感受到急迫性：這種特質常出現在任何規模、任何類型的成功組織裡，但尤其常見於新創的大數據公司身上。我訪談過的資料科學家與企業領導人，都存在一個堅定的信念，就是大數據市場得用搶的，先占先贏。這也意味著假如目前的雇主行動不夠快，性急的員工就會迅速琵琶別抱。

堅定專注於創新與探索：大數據企業經常會透過創新、探索以及實驗，學習更多關於營運與顧客的知識。谷歌或許是第一家大數據企業，該公司形塑了文化氛圍，鼓勵每位員工要創新，並且讓工程師能夠把一定比例的時間花在發展新產品上。據谷歌的首席經濟學家哈爾．韋瑞安（Hal Varian）表示，該公司每年大約會推動一萬個控制實驗——其中約有一半與搜尋功能的相關創新有關，另一半與廣告有關。谷歌甚至試圖讓廣告主（透過名為「廣告主推廣活動實驗」的計畫）與出版商也一起來參與一些實驗。

相信技術是破壞的來源：對許多大數據的早期採用者來說，技術創新與資料創新一樣重要。諸如谷歌、雅虎與臉書等企業，都鼓勵資料科學家發展新工具，甚至讓新工具成為開放原始碼計畫（MapReduce、Hadoop、Pig，以及Hive一開始都是出自於這些公司）。谷歌與亞馬遜不但推動了軟體的發展，也推動了硬體與資料中心技術的發展。LinkdIn的資料科學家表示，自己也因為開放原始碼技術受益，因此他們也把自己的部分技術，提供為開放原始碼計畫。這些大數據的早期採用者，未來可能必須持續創新技術，而且其中至少有一部分企業，會再分享給外面的世界。關於大數據新創公司與線上公司的這種特質，我會在第七章再多談一些。

承諾的文化：大數據企業的領導者，很樂於對大膽無畏的目標有所承諾——如果是一家處於大數據早期階段的大企業，他們會更樂於如此。谷歌承諾要讓自駕車成真——這是個該公司希望利用大數據實現的計畫。奇異的管理團隊與董事會，樂於承諾提撥數十億美元、建立軟體與大數據方面的能耐。即便規模大如奇異，這依然是個重大的承諾。如果你的公司沒在高階管理團隊或董事會層級討論過大數據，你可能會希望趕快安排。

非階層式的唯才是用組織：大數據的早期採用者相信，好想法可以來自組織任何地方的任何人。LinedIn是最善於利用大數據開發新產品與服務的企業之一，我前面已提過，該公司的共同創辦人雷德·霍夫曼力挺強納生·高曼發展出「你可能認識的人」功能。

像這樣授權人才做事，是霍夫曼的個人哲學：「我希望讓每位專業人員的職涯都發展得更成功，也希望他們能協助各個產業或各國的人都提升生產力。我也希望公司的行事能符合惠普公司最初為矽谷立下的標準——一個讓高素質的人才工作的美好地方，就算未來他們另謀高就，在這裡學到的經驗，還是能夠持續為他們帶來益處。」[7]

當然，雖然這裡討論了這麼多，但關於大數據企業的文化或其他特質，都還處於初期階段而已。有些高階主管或許會覺得，只為了促進大數據計畫的發展，就要在組織內部改變文化、領導方式或其他行事風格，會不會有點本末倒置？但我認為，大數據這種企業資源，確實值得這樣的改變，而且這些改變多半還會帶來其他的好處（除了讓大家與大數據更加親近以外）！

嵌入資料分析能力

在FORCE這個字中，另一個我要在此介紹的是嵌入——指的是將大數據及其資料分析能力，嵌入到重要的營運與決策流程中。我講的不是完全機器人化的流程（只靠機器）——人類還是可以檢視與反對這類自動化系統建議採取的行動——但建置這樣的自動功能，以確保公司能夠即時而有效地用資料分析與大數據，還是很重要的。

隨著大數據及其資料分析愈來愈常在社會上或組織裡出現，我們會變得沒有時間與人力，把分析的結果提交給當事人做決策。我們也愈來愈清楚，很多人在做決策時的程序都很不理性。既然如此，何不多找一些機會，採用自動化的資料分析決策？

在大數據出現時，小數據時代的資料分析，才剛開始要朝更加自動化發展而已。現在，我們別無選擇，只能把運用大數據的資料分析嵌入事業流程中。有些分析人員稱此為智慧型BPM（business process management；商業流程管理），有些則贊成採用「商業決策管理」（business decision management）的說法，像是決策管理專家詹姆士．泰勒。金融服務業在很多層面已在做這樣的運用了，但是還需要再擴散到許多其他的產業。[8]

例如，由前身是英國機場管理局（British Airport Authority）的英國希斯羅機場控股公司（Heathrow Airport Holdings）開發的一種應用程式，就能管理希斯羅機場的飛機起降。[9]該機場每年有六千五百萬名旅客，每天的一千三百班航班，用去了98%的跑道容量，因此在飛機起降時迅速做出該如何行動的良好決策，與機場的經營成功與否大有關係。例如，若能縮短飛機的滑行時間，每年將可省下多達三萬噸的二氧化碳排放量。

希斯羅機場已花費數年時間，建置一套名為「機場協同決策」（Airport Collaborative Decision Making；A-CDM）、能管理航班營運的半自動系統。在一組決策規則與處理流程的規範下，該系統可自動新建所有與航班週轉有關的操作，包括班機具體的降落時間、該班機應該往哪個登機門滑行、有多少行李需要卸載、何時要重新加油、下一個航班的機組員抵達時間、旅客登機時間，以及航班何時該後推與起飛等等，而且會機動做協調。與智慧型BPM供應商佩加系統合作後，希斯羅在兩個多月的時間裡完成了該系統的第一期工程，而且馬上就把準點起飛的航班比例，從60%提升到85%。

經過最佳化處理的預測性模式，愈來愈能補決策規則之不足、協助提升系統與機場的營運績效。希斯羅的系統同時也和歐洲運航網的多個機場連線，因此可取得更多關於航班起降的資料。現在，隨著大數據的迫近，該系統又加入了愈來愈多從跑道、飛機，以及油料車及行李推車等車輛上的感應器傳來的資料。假如沒有自動化流程協助，光靠人力，根本不可能處理這麼多資料。

因此，大數據與資料分析獨立存在的時代，很明顯已接近尾聲。未來，我們會更常看到由電腦接收大數據的分析結果，而不是由某人（或某些人）接收。這台電腦不但可下達指令給人，還會下達指令給其他機器，而這又會傳回更多關於運作與績效的資料。拜託一下，最後一位離開大數據大樓的人類，請你把燈關上好嗎？

經理人行動方案

大數據的成功條件

- 關於公司的重要事業項目，你是否握有令人印象深刻的大量資料可供運用？
- 你是否正著手整合分散於公司各處的大數據與資料分析計畫？
- 你和同為高階主管的同事，對於大數據與資料分析是否展現出堅定而熱情的領導力？
- 你是否已為發展中的大數據計畫找好應用的目標？
- 你是否已找齊所需要的資料科學家與分析人員？
- 你們公司的文化是否支持利用大數據做決策，以及開發新產品或新服務？
- 你是否正著手將大數據的資料分析能力嵌入自動化系統與流程中？

我們可以從新創和線上企業學到什麼？

許多早期的大數據活動，都出現在擁有線上產品與服務的公司裡——如谷歌、eBay、雅虎、臉書、LinkedIn——以及線上或相關部門的新創企業。我們虧欠這些組織很多，因為是這些組織建立了資料科學這種職能以及其他有關大數據的準則。我會在本章細數能夠從這些大數據的早期採用者身上得到的啟發。第八章會談大數據在大企業裡的應用。為了讓各位更加了解在這些我研究過的小公司與大企業中，究竟發生了什麼與大數據有關的事，我也在這兩章穿插了一些簡短的個案研究。

新創企業與線上企業在大數據方面等於是從零開始。由於這類公司大多數都很新，而且一開始多半就屬於資料型企業，根本不必擔心如何將大數據與數量較少的結構化資料整合在一起。或許這些公司已經為總帳或薪資等內部應用建立了傳統的資訊基礎架構，但並未花費許多時間與心力在上頭。它們的焦點幾乎都放在大數據，而在過去，這基本上是工程或產品開發部門的事，而不是資訊部門的事。有些規模較小的新創企業內部甚至沒有資訊部門，而是把企業的資訊作業外包出去。

在我們可以從新創與線上企業學到的事情中，有一些其實源自於我們從矽谷企業學到的、關於資訊科技與企業家精神方面的概括性知識，像是臉書創辦人馬克・祖克柏（Mark Zuckerberg）勸告大家的名言「快速行動，打破陳規」，以及別太擔心犯錯。臉書希望「讓世界更開放、更連結」；谷歌經常宣傳的使命是「把世界的資訊組織起來，讓大家普遍都能取用而且有用」。不過，這些概括性的啟發與大數據議題的相關性很有限，也早已透過商業報導廣為人知，所以在本章我就不多做介紹了。

大數據新創企業與線上企業的啟發

既然「資料產品」這種利用本身的資料與資料分析發展出來的東西，最早就源自於大數據新創企業與線上企業，其中自然有很多值得其他組織學習的事。

在產品與服務的創新上應用大數據

我在第三章提及，大數據的潛在效益之一在於為顧客開發新產品或新服務，但實際上這類例子大多出現在線上與新創企業——谷歌、LinkedIn、臉書、亞馬遜等等。我相信創新是大數據最棒最好的用途，因此其他產業的公司都應該向矽谷企業看齊。對這些公司來說，把用在大數據上的心力放在產品與服務創新上，很可能會是最重要的啟發。

當然，假如提供給顧客的是實體商品而非資料，這件事會更為困難。「常見」（雖然明顯還只是新興而已）用於把大數據應用到產品上的方式，維修是其中一項——收集關於用戶如何使用產品、產品何時可能損壞、產品如何才能維修得最有效率與效能等資料，並予分析。也可以利用大數據提醒顧客該如何對待產品——例如，如何以更節能的方式開車。資料也可以嵌入產品本身，特斯拉汽車（Tesla）的車款Model S所記錄的資料，可用於遠端監控車子的性能表現，傳遞該維修的訊息，並讓駕駛人知道，自己的駕駛哩程數及駕駛狀況，與其他駕駛人比起來如何。

如果貴公司的主要事業與大數據或相關技術無關，這裡的經驗談或許很難仿效。但如果貴公司是行事不那麼敏捷的大企業，還是有幾種方式可以切入。一種方法是打造一個用於出售資料、洞見，以及技術的獨立事業單位。1996年，聯合健康集團（UnitedHealth Group）就是這麼做的。該集團成立名為Ingenix（現名Optum）的事業，負責銷售資料、洞見與軟體給醫療業者。Optum逐步成長，還購併了不少機構，目前年營收已達250億美元。身處正面臨資料分析與大數據革命的醫療業，擁有Optum這麼一個單位，對聯合健康集團而言是很有助益的。

另一種方法是著手收購專精於運用大數據或銷售大數據的新創企業或規模較小的公司。同樣是醫療業，健保業者優門（Humana）就採取這種做法，在2011年買下安薇塔健康

（Anvita Health）。安薇塔的業務項目是為醫療機構分析診療資料以及提供軟體；優門原本是它的客戶。現在，優門正把安薇塔的商品整合為更廣泛的資料分析與大數據能耐。

第三種進入大數據事業的方法是和人合作。例如，同樣是醫療業，位於鹽湖城的醫療服務業者山際健康照護聯盟（Intermountain Healthcare）就採用這種方式。該聯盟旗下有二十二家醫院與兩百間診所，而且已經因為在照護流程中利用資料分析而知名。2011年，該組織成立荷馬．華納資訊學研究中心（Homer Warner Center for Informatics Research），而荷馬．華納正是一位在山際建立電子病歷的先驅。接著在2013年，山際又與德勤眾業合作，提供服務與解決方案給其他醫療機構。由於山際已有四十年資料以及來自電子病歷中的逾兩兆資料元，和德勤眾業合作之後，可望協助其他醫療業者，為健康狀況各不相同的病患，找出最佳治療方式。

不僅開發應用程式，也開發工具程式

最早期的大數據企業，不但發展出資料分析的應用程式、產品以及功能，也發展出一些工具程式。過去根本不存在能夠把極龐大的資料庫分散到多台量產伺服器中的技術，因此這些公司必須自行打造。幸運的是，很多時候，這些公司也會把打造出來的東西提供給別的公司（如後所述）。谷歌發展出MapReduce架構，並在2004年一份由傑佛瑞・迪恩（Jeffery Dean）與山傑・葛瑪瓦（Sanjay Ghemawat）撰寫的報告中發表。[1]Hadoop是由雅虎的道格・卡丁（Doug Cutting）以及密西根大學教授麥可・卡菲雷拉（Mike Cafarella）聯手開發的。腳本語言Pig也是由雅虎在2006年開發，批次導向的資料儲存語言Hive則是由臉書開發。這些公司大多都極為成功，因此並無證據顯示，開發這些工具損及其績效（雅虎或許是例外，雖然它看起來正在努力翻身）。

為何這些公司要花時間開發工具程式？因為他們非得這麼做不可。假如他們希望以合理成本處理與分析大量的即時資料，就必須為此開發新工具程式。當然，現在世面上已有更多可供取用的大數據工具程式。企業是否仍然必須自行開發？在基礎架構中最基層的部分或許不用，特別是已有許多供應商進入這塊領域。應該可以說，這個世界不需要另一種新版本的Hadoop。

不過，企業仍需要一些能夠處理特定類型異質資料的工具程式。例如，如果你想管理來自冰箱感應器的資料，這類資料很可能具備某些有別於人的特性，這時就會需要特別的軟體從中取出資料、操作資料，才可能做好資料的管理。

資料科學家要有高階主管帶領

大數據新創企業常會賦予資料科學家許多權責。有時候，執行長自己就是資料科學家（像是灣區企業Quid以及麻州劍橋市的Recorded Future公司）。還有一些公司的資料科學家，要負責推出新產品與新服務。在一些大型線上公司，像是LinkedIn，他們甚至有管道能直接和高階管理團隊溝通（見個案研究「LinkedIn的大數據進程」）。

LinkedIn的大數據進程

LinkedIn成立於2002年底，現有逾兩億兩千五百萬名用戶，已成為值得信賴的全球性商務社群網站。該網站的成功有許多因素，但大數據肯定是其中一環。該公司內部有許多大數據活動，包括資料工程團隊、資料產品團隊、商業資料分析團隊，以及產品資料科學團隊。資料科學家一詞，最早就是在LinkedIn使用的，而該公司目前已有逾百名資料科學家。

我已在本書不只一次提到，該公司在開發新產品與功能（用於搜尋用戶技能的「LinkedIn技能」、你可能認識的人、人才配對、類似工作、你可能喜歡的團體等等）方面的成功，但公司內部還是有許多領域也受惠於大數據。最近LinkedIn開發出的一組全面搜尋的新功能就是一例。這種新功能可運用大數據、預測一名用戶最可能感興趣的內容類型，藉以呈現出最佳化後的結果。

LinkedIn也把大數據運用在內部流程上，包括業務與行銷活動在內。例如，部分內部資料已用於預測哪些公司會購買LinkedIn的產品，甚至能預測那家公司裡的哪個人最可能購買。這樣的作業已發展為供業務人員使用的內部建議系統，不但讓他們更易於在同一地點取得資料，轉換率也因而提升百分之好幾百。

LinkedIn共同創辦人雷德．霍夫曼相當堅定支持大數據：

> 托Web2.0（社群網路的浪潮以及消費者在網路上的參與）以及數量日益增加的感應器之福，我們得到這麼多資料。有了如此龐大的與人、地點，以及所有和我們的生活相關的高度語意索引資料，我相信未來將可利用這些資料推出眾多有趣的應用功能……如果資料已成為構成產品與服務的重要因素，如果資料已是決定策略與維持相對競爭優勢的重要因素，你卻不採取任何行動，就好像是你試圖在沒有商業智慧的狀況下經營企業一樣。[2]

但是在擁有數千名員工的大企業，這種層次的溝通管道與自主性，很明顯會比較難安排。如果貴公司屬於這種狀況，請努力讓至少部分高階主管能夠確保公司接受資料科學家的想法，也確保資料科學家能夠透過工作創造出不同。有些組織已開始在董事會中安插資訊背景的高階職位。這一步對於協助公司理解大數據確實有意義，但可能無法提供資料科學家太多協助與鼓舞。

處理大數據作業的生產力問題

最出色的矽谷企業，都已發現到，人的生產力是大數據計畫是否能有進展的最大限制因素。大數據計畫需要資料科學家投入相當心力，從資料蘊藏處將資料擷取出來、把資料放到適於分析的結構化格式中，再予以建模、分析。資料科學家的時間是很寶貴的，因此在這方面領先的企業——同樣的，主要還是那些資料密集的線上公司——已開始採取措施、處理資料科學生產力的問題。

eBay是最早致力於提升資料科學生產力的公司，它打造了多種工具與方法提升資料作業的速度。該公司的管理者會建立虛擬資料超市——並不複製既有資料，但是又可以從特定角度察看資料與分析資料的資料分析環境——以減少必須在分析資料前建立資料集的動作。eBay也設立了資料中心，促進資料、演算法則與洞見的彼此分享。天睿則大幅參考了eBay的想法，開發出名為資料實驗室（Data Lab）的產品，以協助其他組織也能處理資料科學生產力的問題。另一家供應商EMC Greenplum，也發展出一套叫做「軸心合唱團」（Pivotal Chorus）的工具，處理資料科學家的生產力與合作的問題。

LinkedIn在資料科學生產力方面也有動作，設置了允許自動做網站A/B測試（比對網站的某項設計是否比另一種設計更有助於帶來更多瀏覽或點擊）的環境。該公司每天可執行兩千項測試，但分析與解釋結果卻很花人力。因此，內部的資料科學家花了幾個月時間，開發出幾種能自動分析A/B測試結果並提出報告的程式。該程式會模仿資料科學家或分析人員針對測試會有的反應。在完成一項測試後的二十四小時以內，就能得知在多達四百種不同比對指標下的測試結果。

為大眾貢獻一己之力

很多用於資料科學的產品，像是Hadoop、Pig、Hive，以及Python，都是開放原始碼程式，而且是由開發出它們的企業提供給開放原始碼社群（特別是給阿帕契基金會）。可以感受得到一種希望讓大數據社群的成員，都能取得所需工具的精神。一群研究人員是這樣形容LinkedIn的：

LinkedIn對Voldemort分散式儲存系統以及另外十多個開放原始碼計畫都有貢獻。「我們貢獻一些，他們貢獻一些，程式碼就改良得更好。」LinkedIn資深作業副總裁大衛・漢克（David Henke）説道。[3]

另一位LinkedIn的資料工程師則告訴我：

我們正在協助改良某社交圖表資料庫，完成之後會釋出為開放原始碼。雖然有一些智慧財產權方面的考量，但整體來説，LinkedIn依然認為，應該把它建立在開放原始碼架構上，因為我們也一樣從中獲益。

當然，這一項啟發或許沒有我講得那麼全面，畢竟我提到的這些公司，還是為自己保留了一些大數據資產。不過，既然開放原始碼軟體對各家業者都有好處，每家公司都應該試著也給點回饋。

切記！敏捷式開發太慢了！

Kyruus是一家位於波士頓的大數據新創公司，屬於醫療業。該公司執行長葛拉漢・加德納（Graham Gardner）曾告訴

Kyruus的大數據進程

Kyruus是在2010年由創投家暨內科醫師葛拉漢・加德納與聚焦於內科醫師大數據的技術開發管理者茱莉・余（Julie Yoo）所創辦，宗旨是提供資料給醫院、保險公司及藥廠，以協助他們更加認識醫師醫療網。該公司的目標是成為「醫師資訊的彭博社」。

Kyruus會從多種來源收集資料，包括人力資源資料庫、醫師認證系統、電子病歷，以及供應鏈資料庫等等——超過一千個公共與營利性來源。對該公司來說，有幾種可能方式可以出售這些資料營利，但其中一種方式特別吸引人。這種方式是要追蹤因為轉診而流失到某醫院醫療網外的病患。執行長加德納說明了控管轉診流失率的重要性：「有些大型醫療體系的轉診流失率高達五成，有些績效最佳的機構，流失率在兩成以下……如果我們能稍微降低一點流失率，原本虧損經營的醫療體系，就可能轉虧為盈。」[4]

Kyruus的結構分為三大類：（1）資料採集、整合，以及處理。（2）分析。（3）應用及使用者介面。該公司的資料平台包括功能顯示及數據分析。

我，「我們試過敏捷式開放（一種迅速做好系統開發與專案管理的方法論），但它的速度太慢了。」Kyruus幾乎每天都會推出新版本的資料或軟體（見個案研究「Kyruus的大數據情境」）。2012年我訪談約三十位資料科學家時，很明顯，他們絕大多數都是性急的快速行動者。大數據領域之所以進步得這麼快，就是因為這一群實際操盤者急於行動使然。

當然，性急也有其壞處。這可能代表著企業的產品或服務太快推到市場中。產品迅速上市在矽谷是一種榮譽勳章——LinkedIn共同創辦人暨創投家雷德．霍夫曼評論道，「如果公司推出的第一款產品沒有出包，你們可能太慢才推出！」——但問世的卻可能是臭蟲和功能一樣多的產品。這也可能意味著，如果資料科學家覺得自己未能迅速完成夠多事情，他們會一直換工作。

利用免費與低成本玩意

一段時日以前，運算、資料管理與資料分析的成本，是運用大數據（前提是公司能找到一些這樣的東西）的主要障礙。但現在，新創與線上企業都重度仰賴平價與免費資源。雲端是其一；亞馬遜（彈性運算雲〔Elastic Compute Cloud〕，或稱Amazon EC2）、谷歌（運算引擎〔Compute Engine〕），以及微軟（視窗Azure）等企業，都以相較於過去來說極低的成本

——或至少在較低的資本支出下——提供運算資源。這對新創企業來說很有吸引力，因為它們能用於投資的資金往往有限。雲端運算還有其他好處，大數據新創企業Recorded Future的創辦人暨執行長克里斯多夫·阿爾伯格（Christopher Ahlberg）就談到了彈性運用的好處。「以我們對雲端的用量來看，是真的滿貴的。但從一種基礎架構轉換到下一種基礎架構的成本卻省很大——或許只有原本的十分之一到百分之一。因此，對任何看來像新創企業的組織而言，都是很驚人的效益。」[5]

前面已提過，新創企業與線上企業也會大量使用開放原始碼軟體（除了開發自己的專有軟體並提供為開放原始碼之外）。它們不但會使用Hadoop、Pig，以及Hive等資料管理工具，也會使用R之類的開放原始碼統計軟體。一位資料科學家是這麼描述R的：「它是免費的，也是每一個畢業生懂得也想要使用的。它對我們來說不必特別花什麼心力。」

使用開放原始碼運算的主要壞處在於，如果要把專業資源（像是資料科學家的人力）也考慮進來的話，可能會有其他更便宜的解決方案。我問統計軟體公司SAS的行銷部門主管（也是其他幾個部門的主管）吉姆·戴維斯（Jim Davis），他對於來自R的競爭有何看法。他的回答是，「我們沒怎麼在注意。我們大多產品都是協助銀行顧客減少信用卡盜刷，或協助旅遊業顧客將營收最佳化的專屬解決方案。如果顧客發現市面上已有符合需求的解決方案，基本上他們不見得會想要自己用R寫程式。」[6]

總之，我還沒看到太多企業（任何規模均然）計算過持有大數據技術的總成本。假如真有企業算過，開放原始碼工具的吸引力，或許會再減少一些。

大規模實驗

大數據最有威力的資料分析手法之一是隨機化的控制實驗，線上與新創企業的網站，都會大規模做這樣的實驗。[7]這樣的分析之所以有力，原因在於它是唯一一種能夠建立因果關係的方法。我前面提過LinkedIn的A/B測試——一種同時跑兩種不同版本網頁的技術，可隨機把網路用戶指派到其中一種版本去，再觀察顧客行為在不同頁面中是否在統計上存在顯著差異。

谷歌與eBay也會做頻繁的測試。谷歌首席經濟學家哈爾·韋瑞安估計，谷歌每年約做一萬次測試，其中有一半是搜尋測試，另一半是廣告相關功能的測試。eBay或許是我所看過對於測試最狂熱的公司。該公司不但會做極為頻繁的A/B測試，以了解不同網站設計的效用，也經常會在線上以外的地方做測試，包括實驗室研究、訪問、參與式設計會議、焦點團體，以及網站功能的取捨分析——全都有顧客一起參與。eBay

也在做量化視覺設計研究、眼球追蹤研究，以及日記研究，希望能找出用戶對潛在改變的感受。[8]

線上企業會在兩個重要層面做測試。一個是我在LinkedIn的部分提過的，開發出能將部分的測試流程自動化的工具。以eBay為例，就建立了eBay實驗平台（eBay Experimentation Platform），帶領受測者完成測試流程，並追蹤什麼時刻在哪些頁面測試了什麼東西。LinkedIn也有類似的能耐，如前所述。諸如Optimizely等外部供應商，提供了一些讓網站做A/B測試的工具；一家名為應用預測技術（Applied Predictive Technologies）的公司，則提供軟體供離線測試管理之用。

另一個重要層面是，要跳脫A/B測試經常促成的漸進式創新，更進一步。正常來說，A/B測試中的A網站與B網站只會有些微的不同；如果你一次就改變了超過一個以上的地方，你便無法得知哪個改變管用。但是像eBay與LinkedIn這樣的公司，已經找到一些測試方法，就算同時改變網站多個地方的設計、讓兩個網站出現很大的差異，照樣能知道哪些改變管用。改變得愈劇烈，就創造出差異愈大的成果。例如，LinkedIn可針對一個網頁，同時測試二十處以上的改變。某項改變或許能增加百分之二的點擊率，另一項改變可能會減少百分之五的點擊率。如果你把二十處改變組合起來，加起來最多可能增加25%的點擊率。

培育緊密的合作關係

2012年，我採訪線上與新創企業的資深資料科學家時，其中一個問題是，他們的組織如何找齊具備所有必要技能的資料科學人才。很多人都說，他們發現，很難在一個人身上就找到所有必要技能，但是可以組一個具備所有必要技能的團隊。他們常會告訴團隊成員，彼此必須緊密合作。我問他們如何才能緊密合作，例如使用什麼線上合作工具嗎？他們幾乎都回答我，必要的合作很容易能夠做到，因為所有相關人員全都在同一個房間裡。他們之中也有很多人舉辦駭客馬拉松活動，好讓程式能有突破，而這種活動通常也是在同一個房間裡舉辦的。

像這樣高度近距離又高頻寬的溝通，在規模較小、員工人數很少新創企業相對容易發生，在大企業自然會困難些。很多人都知道，谷歌努力在大企業裡鼓勵員工彼此面對面合作。其做法包括：

- 一個小隔間至少要安排兩位同仁。
- 提供免費的優質早餐，以吸引員工到公司。
- 上班有免費通勤車。
- 邀請能激勵大家的講者到公司演講、舉辦能激勵大家的活動。

- 多提供幾個空間給大家非正式小聚之用。

雅虎執行長瑪麗莎・梅爾（Marissa Mayer）跳槽自谷歌，她對於雅虎有大量員工在家上班感到很不滿意。她很快地——也很有爭議性地——取消了在家上班的政策，並堅持員工必須到公司上班。[9]說明此一新政策的單子上面寫道，面對面的互動可培養出更具合作精神的文化。梅爾還實施了谷歌的免費自助食物等其他政策。

這些大數據企業希望員工藉由面對面的互動彼此合作，而非透過數位溝通方式——這或許會讓人覺得很諷刺。然而，這樣的措施似乎奏效了。辦公室分散於多處的組織，很明顯必須找出其他培養合作精神的方法，但無論如何，這都是個重要目標。

很棒的是，矽谷、波士頓及其他大數據集散地的線上與新創企業，帶給我們這麼多大數據的創新。期盼它們所提供的這些啟發，也能傳遞到規模更大、更為傳統的企業。只是，在大數據的世界裡，仍舊存在著一些新創與線上企業未能為我們帶來的啟發，以及一些應該避免照做的事，這正是我下一節要談的。

新創與線上企業沒學會的事

雖然來自線上與新創企業的大數據經驗談很受用，這些企業的所作所為卻未必永遠是對的。有些狀況下，它們其實提供的是負面教材。這些錯誤示範或許不會讓公司垮台，也不是每家公司都如此，但是卻可能因為這些錯誤的做法，而導致新創企業的成功變得比應有水準差一點。

未與顧客分享資料

大數據較敏感的議題之一是，顧客對關於自己的資料，或者是從自己的線上活動中產生的資料，到底能夠掌握多少？聰明的公司會基於一些建設性的用意，而把這樣的資料提供給顧客使用。例如，企業可藉此更為了解顧客如何使用公司的產品或服務。

大多數線上企業都不太善於讓顧客知道，他們掌握了顧客的什麼資料，也不太善於把資料分享給顧客本人使用。臉書與谷歌常會因為對於顧客資料缺乏透明度，而與顧客、媒體，以及政府執法人員發生衝突。谷歌確實會提供顧客一些關於他們的資料，像是個人搜尋紀錄，以及你如何使用該公司的其他產品（見谷歌儀表板；Google Dashboard），也會告知顧客提供了什麼用戶資訊給政府。但還是有很多資料是顧客不知道的。

在這件事情上，大企業算是最先進的，雖然對任何人來說都還屬於初步階段而已。例如，聖地牙哥天然氣與電力公司（San Diego Gas & Electric）透過「綠按鈕」（Green Button）計畫，讓希望自行分析用電狀況（藉以節省用電）的顧客，可以使用自己最長達十三個月的用電資料。[10]歐洲行動通訊業者橘子電信（Orange）訂出以顧客為中心的資料隱私政策，並已推出一些讓顧客能夠控管自己通訊資料的計畫。

Recorded Future的大數據進程

Recorded Future（簡稱RF）創辦人克里斯多夫·阿爾伯格其實之前也是視覺資料分析公司Spotfire的創辦人。他很有興趣把分析的焦點放在視覺等其他類型的外部資訊上，以及從敘述性的資料分析轉變為預測性的資料分析。對阿爾伯格與RF（以及其他多家大數據新創企業）來說，除了網路之外，已經沒有其他明顯的外部資料來源了。

2009年，阿爾伯格與Spotfire幾個共同創辦人一起在瑞典發展「時序分析引擎」——可協助分析人員預測未來事件的一組量化與視覺分析工具。RF複製了網路上的大量資料供分析用，包括幾萬個網站、部落格與推特帳號的內容。總計共針對事件、實體及其相關特質建立了八十億個索引（例如，一個網頁可能會提到與某個事件或實體相關的特定人名、地名與活動名）。

透過雲端運算，這些RF工具不但計算資料中的事件與預測，也分析了資料來源，以找出不同文件與網頁之間可能存在某種關聯性的「隱藏連結」。此一分析的目的在於，更了解背後的事件與實體，判斷討論某事件的動能或趨勢，進而預測何時可能發生。Spotfire是以視覺方式描繪出過去、現在與未來的連結關係與時序樣式。

RF還有兩種提供給顧客的基本產品。對那些需要軟體分析組織內部資料（主要是政府情報單位）的顧客，該公司提供Foresite平台，附有語言處理工具及針對事件、實體暨時間的評分工具。第二種主要產品是網路資料本身——但是純淨、附索引，還把專有名詞都分類好了。情報單位透過RF分析涉及恐怖主義、技術發展及政治動盪的趨勢與預測。私人部門的顧客，包括企業安全部門、避險基金以及一些公司，則希望追蹤與分析顧客、競爭對手，以及市場的資訊。

為收集資料而收集資料

有些新創企業以及亞馬遜、谷歌等財力雄厚的線上企業，都會為了編整資料而編整資料。這些公司相信，資料有一天遲早派得上用場。谷歌會從顧客身上以及顧客的行為中，收集幾乎所有能夠收集的資料，有時還在根本不該收集時收集。[11]最知名的例子是，谷歌的街景地圖繪製計畫在街景車開過去時，也會收集到別人未加密的Wi-Fi資料。這些公司都有足夠資源，才能如此漫無目的收集資料。雖然我覺得，如果他們能在收集資料前就先想好要用在什麼地方，這些公司會更為成功。

有些大數據的新創企業一開始就有一批資料，卻不是百分之百清楚該如何運用，Kyruus就是一個例子（見先前的個案研究）；Recorded Future（見個案研究「Recorded Future的大數據進程」）則是另一個例子。但這對新創企業來說比較不是問題，因為它們基本上會面對來自投資人的壓力，必須在很早的階段就承諾採行某種商業模式。這兩家企業都是很快就為產品與商業模式找到焦點。

如同我在第三章所言，從大量資料中篩選，以找出裡頭可能埋藏著什麼金塊，其實頗有意義。不過，漫無目的瞎篩一通，可能是極耗成本與時間之舉。腦中先有假說畢竟較為妥當，特別是在開始收集大量資料之前，甚或在開始分析之前也是。

位於波士頓的大數據新創企業作業資料分析（Operating Analytics）公司，就是行事聚焦的好例子。該公司運用資料與資料分析，協助醫院將手術室的使用最佳化。手術室是要價不菲的資源，但是在同一家醫院內部或不同醫院之間，手術室的使用率卻可能有很大的落差。想把手術室的使用最佳化，牽涉到複雜的分析過程，要分析的包括手術室內的房間與專業設備、病患、可安排的醫生與助手，以及病患住院天數與再住院比率等結果變數。醫院很難自行做這樣的分析，但若有更好的解決方案，卻又能輕鬆讓營收實際增加。作業資料分析公司目前還在創立的初期，但我認為，這種聚焦於明確的企業問題與明確顧客的做法，往往勝過在大數據的汪洋裡大海撈針。

談太多技術的事

大數據產業——特別是矽谷那些大數據技術的供應商，但有時也包括其他類型的公司在內——都很迷戀技術。無論是公司內的討論內容和素材，或是為了在公司外使用而製作的行銷素材，都給人很技術的感覺，導致非技術背景的人很難理解。

很多這類公司的網站，都會盡情地四處提及技術專有名詞。有些會吹捧「在Hadoop上跑SQL」，卻幾乎或完全不說明它的意義或有何重要之處。某網站保證「Hadoop：帶著Apache

YARN超越批次」，卻同樣對什麼是YARN沒有詳細陳述，但是又清楚寫出「是Hadoop 2.0的基礎」[12]。這個問題或許部分原因在於阿帕契基金會發布的開放原始碼計畫名稱：Apache Hadoop、Apache Flume、Apache HBase、Apache Mahout、Apache Oozie、Apache Zookeeper等等。至今我已經研究大數據好幾年了，但我也沒聽過Apache Oozie或是Apache YARN。一個毫無技術背景的企業管理者，對這樣的專有名詞會做何感想？

就連IBM這家在幾十年前最先探討商業導向資料處理的公司，有時候也忍不住滿口技術用語。例如，在該公司一篇以「何謂Hadoop」為標題的短文裡，就包括這樣的用詞：「這些叢集的彈性靠的不是高階硬體，而是來自於軟體在應用程式層級偵測與控制錯誤的能力。」[13]

有時候確實必須使用技術語言，但這種時候也應該一併提供足夠的定義內容。不過，大多時候，我們在談論大數據時，該談的是效益、投資報酬率、機會，以及風險。正如IBM在銷售其他形態的資訊技術時學到的（但似乎又忘記了），也該是大數據供應商學習這件事的時候了。

太忙著趕大數據熱潮

大數據現在當紅，創投資金業者也抵擋不了大數據的淘金熱誘惑，瘋狂地競相資助該領域的新創企業。根據2013年三月一項關於創投基金的估計，光是資助四十家大數據新創企業（當然還不只這些）的資金就高達12億美元。[14]資金四處流動，往往會讓大創業家覺得，自己的土地宛如成為別人炒作的目標。過去從事資料分析或軟體業的公司，現在都身處於大數據產業。低劣業者也趕著推產品到市場中，但承諾得多實現得少，經常導致顧客不滿意。

當然，這樣的路線，無法通往長久的成功。大數據運動確實重要，也將維持很長的時間，但未來它也會進化，也可能又換好幾個名字。重點在於，你是否明確定義了自己的市場、是否滿足了顧客的需求。前資訊科學教授暨大數據公司Vivisimo（已遭IBM購併）創辦人拉烏．瓦帝斯－培瑞茲（Raul Valdes-Perez）是這麼描述自己公司的，「我們採取了既阻擋又打擊的策略——開發出好產品、詳盡說明產品、公平對待顧客與潛在顧客、把人才的招聘當成第一優先事項，並透過慎選的公開示範與公關活動，吸引外界對我們技術的矚目。」[15]

當然，大數據產業仍在襁褓期。部分上述的錯誤判斷，或許只是出於經驗不足或不成熟。這個產業的成功與失敗因素，肯定也會隨時間而改變。不過，過去也不乏技術起家的企業，但很明顯，不管是哪種技術，疏於做好管理同樣是一種高度有問題的行徑。大數據肯定也一樣。

經理人行動方案

我們可以從新創和線上企業學到什麼？

- 你是否曾利用資料與資料分析打造過經營模式中的某些層面，以及部分產品／服務？
- 你是否曾動用公司的部分資料科學能力開發工具，並把成果提供給開放原始社群？
- 你是否給予資料科學家高度的自主能力與權責？
- 你是否曾試圖提升資料科學作業的生產力？
- 你是否加快了資料分析與找出洞見的流程？
- 你們公司是否存在著多做各種實驗的文化與流程？
- 你是否鼓勵分析人員與資料科學家之間合作，也鼓勵他們與事業夥伴間的合作？
- 你是否已避開新創企業的常見錯誤——未提供資料給顧客、為收集資料而收集資料、談太多技術的事，以及太忙著趕大數據熱潮？

大企業怎麼做？

大數據與資料分析3.0

如同我在第七章所說，線上與新創企業等大數據的早期採用者，都是一開始就圍繞著大數據發展起來的。它們無需讓大數據和傳統資料來源，以及相關的資料分析手法妥協或整合，因為這些公司根本沒有傳統型態的資料。它們不必把大數據技術與傳統資訊基礎架構合併，因為舊有基礎架構根本不存在。大數據在這些公司裡可以獨立存在，大數據的資料分析也可能是資料分析時唯一的焦點，大數據的技術基礎架構也可能是唯一的基礎架構。

不過，請想想那些已有規模的大企業的處境。大數據在這樣的環境下不該獨立存在，必須與已經在進行的每件事整合起來。大數據的資料分析，必須與其他資料的分析作業並存。資料科學家必須設法和量化分析師，以及資料庫管理人員相處、合作。

為了解這種並存的情形，SAS的潔爾．帝琪和我，在2013年第一季，採訪了二十家大企業，以了解如何將大數據融入到公司整體的資料環境與資料分析環境中。這些公司都沒有「大數據」部門；整合的動作，其實是在資料分析的作業中加入了新的管理觀點，我稱之為「資料分析3.0」。我會在本章介紹這些組織對於大數據，以及它所需要的組織結構與技能有何整體看法。在結論的地方，我會介紹「資料分析3.0」的時代。

新在哪裡？

大數據或許對新創及線上企業來說是新東西，但很多大企業卻覺得，自己早就和它交手一陣子了。有些管理者雖然認同大數據的創新本質，卻覺得它本來就是日常營運的一部分，或說只是企業的資料日益增多的一個過程而已。他們多年來已經把新型態的資料加到原本的系統與模式中，因此並不認為大數據是什麼革命性的東西。

就算大數據讓這些大企業的管理者印象深刻，也不會是因為資料的數量龐大，而是大數據的一兩個其他層面：缺乏結構，以及相關技術的效用與低成本。這樣的現象，和我在第一章提到的NewVantage Partners在2012年針對五十多家大企業所做的調查結果是一致的。該調查發現：

> 是種類多而不是量大的問題。調查顯示，這些企業無論現在還是未來三年內，都會著眼在資料的多樣性上，而不是著眼在數量多。大數據計畫最重要的目標與潛在效益，在於它能夠分析來自四面八方的資料，以及分析新類型的資料，並不在於管理極大量的資料集。[1]

已長期處理過大量資料的企業，現在正熱中於培養處理新型態資料（語音、文字、紀錄檔、圖片、影像）的能力。例如，一家消費金融銀行，最近開始分析紀錄檔（比深入核心交易系統挖資料要來得簡單），準備控管銀行與顧客間在多個不同往來管道的互動情形。某飯店則是藉由影像資料分析顧客的排隊隊伍。某醫療保險業者則在取得客服中心錄音後，藉由分析語音轉文字的資料，提升預測顧客不滿意度的精確性。簡言之，這些公司在結合了未結構化與結構化資料後，對於顧客及作業，都有了更完整的了解。

感應器與收集作業資料用的設備，也會傳來一些較為結構化的資料。對於這類資料的運用，也有持續的進展（雖然不是那麼大幅度的進展）。諸如奇異、UPS、施耐德物流等企業，愈來愈常把感應器安裝在會移動或轉動的物品上擷取資料，以促成事業的最佳化。就算只能帶來一點小益處，但只要大規模實施，還是能夠積少成多，帶來莫大的回報。我前面提過，天然氣渦輪若能運轉得更有效能，可望為奇異電氣省下660億美元；該公司也預估，若能透過大數據的運用，讓飛機引擎減少使用百分之一的燃料，將可在十五年內為商用飛機產業省下300億美元。[2] UPS也透過更理想的送貨路線，實現了類似於此的大規模節省成本的目標（見個案研究「UPS的大數據進程」）。

UPS的大數據進程

UPS對大數據並不陌生，該公司擷取與追蹤包裹移動和交易的做法，最早可回溯到一九八〇年代。目前，該公司每天會追蹤880萬名顧客的1630萬件包裹所傳來的資料；顧客每天平均有3950萬次的追蹤查詢。目前共儲存逾16PB的資料。

不過，在最近取得的大數據當中，有很多都來自於安裝在四萬六千台車輛上的通訊感應器。例如，UPS包裹運送車（卡車）上的資料，就包括行駛速度、方向、煞車，以及傳動系統效能。資料不但用來監控日常作業，也用於為UPS的駕駛大幅重新設計送貨路線。這個名為ORION（道路整合性最佳化與導航）的計畫，很可能是全球最大的作業研究計畫。該計畫大量運用線上地圖資料，最後將可即時重新設定駕駛人收件與送件的參數。2011年，UPS已經因為該計畫而每天少跑8500萬哩，省下逾840萬加崙的油料。據他們估計，只要每位駕駛員每天少跑1哩，公司就能省下3,000萬美元。因此整體來說，能省下可觀的支出。UPS也正努力運用資料與資料分析，讓該公司每天兩千個航班的效能最佳化。

從實例看大企業的大數據目標

我在第三章提過，大數據可能用來大幅降低成本、具體縮短執行運算作業的時間，或發展新產品與新服務。如同傳統資料分析一樣，它也能支援商業決策。大數據背後的技術與概念，能夠讓組織達成幾種不同的目標，但我們所訪談過的大企業，絕大多數都只專心於其中一兩種目標。選定的目標不但暗示著大數據的成果與財務效益，也暗示著流程——要由誰來帶領計畫，在組織裡適用於何處，以及如何管理該計畫。

在我們訪談的組織中，只有幾家專注在降低成本上。其中一家是第三章也介紹過的銀行，它利用Hadoop接管先前指派給其他平台處理的各種運算作業，目標著眼於成本。這樣的目標怎麼說都不能算壞，但我會認為，這家銀行應該再結合其他能夠多創造一些營收或利潤的目標。

我在第三章也探討過大數據技術與解決方案的第二個常見目標：縮短時間，並介紹了梅西百貨與阿瑪迪斯如何運用大數據技術縮短循環時間，或縮短旅遊預約系統的回應時間。涉及縮短時間的重要目標之一，是要運用來自顧客體驗的資料分析與資料，即時與顧客互動。如果顧客已「離開現場」，專門針對顧客提供的產品與服務，可能就不那麼有效。這意味著要迅速擷取、彙整、處理，以及分析資料。凱撒娛樂（Caesars

Entertainment）就是追求這種效益的一家公司。凱撒在資料分析上一直都是領導企業，特別是在顧客忠誠度、行銷，以及服務方面。目前，該公司正把一些大數據技術與技能，加到這些傳統的資料分析能力上。探索與建置大數據工具的主要用意，是希望能在行銷與服務方面即時回應顧客。

例如，該公司透過「完全回饋」（Total Rewards）計畫、網路點擊流，以及吃角子老虎機的即時操作，收集到關於顧客的資料。過去該公司本來就會透過這些資料來源了解顧客，但是要做到即時整合與即時因應就很困難——「即時」的意思是，顧客還在玩吃角子老虎，或是還待在渡假村內部。凱撒發現，如果忠誠度計畫的新顧客玩吃角子老虎的手氣不順，他們很可能永遠不會再光顧。但如果公司能趁著他們還在機台前送點東西，比方說免費餐券的話，顧客之後再次光臨賭場的機率就會大增。但關鍵在於，必須要即時完成必要的分析，並在不滿的顧客離去前奉上禮物。

為實現這樣的目標，以及其他涉及速度與決策的目標，凱撒已購置了Hadoop伺服器叢集，也取得開放原始碼暨商用資料分析軟體。另外，也找了幾位資料科學家加入資料分析團隊。

大數據的能耐還可以用在其他目標上。凱撒一直極為留意

——雖然過去是用人工方式留意——不要讓最忠誠的顧客排隊。現在有了大數據工具的影像資料分析，該公司就能利用更為自動化的方式，監控與光顧次數較少的顧客相關的服務狀況了。此外，凱撒也開始分析行動資料，目前正在實驗把商品即時傳送到目標顧客的行動裝置中。

如同傳統的小數據資料分析，大數據也可以用來支援或改善內部商業決策（見個案研究「聯合健保的大數據進程」）。若有較缺乏結構的新資料來源可以應用在決策上，這類決策就會採用大數據。例如，任何能夠透露出顧客滿意度訊息的資料，都會很有用；而且取自顧客互動的許多資料，都是未結構化的。我已在第三章介紹過，有些大銀行正透過大數據了解多種管道下的顧客關係——目標是要找出哪些顧客可能準備棄你而去，或是哪些可能對某種促銷方案有反應。

聯合健保的大數據進程

我在第三章講過，聯合健保正透過自然語言處理（NLP）促進對顧客滿意度的了解。他們先是將顧客致電客服中心的來電錄音轉為文字，再從中找尋顧客感到不滿的指標。

為分析文字資料，聯合健保使用了多種工具。資料一開始會先進入一個比較不需要預先操作資料、使用Hadoop與NoSQL（意指該資料庫不是只使用SQL而已；SQL是用於從關聯式資料庫查詢與擷取資訊的標準）的「資料湖」中儲存。NLP——主要是做「奇異值分解」，或稱改良版的詞頻統計——會在資料庫設備上完成。聯合健保也研究與測試了幾種其他技術，以評估在基礎架構的「未來狀態」下的適用性。此外，還導入了統計分析工具與Hadoop之間的介面。

將顧客滿意度資料與來自多個其他來源的顧客資料存入顧客資料倉儲、並予分析的工作，是由財務部門處理。不過，聯合健保還有很多部門與單位，包括旗下的Optum事業（專精於銷售資料與相關服務給醫療機構），也都參與其中。該團隊成員有傳統的量化分析師，也有具備高度資訊暨資料管理技能的資料科學家。

聯合健保還透過旗下的Optum實驗室，與合作夥伴梅約診所（Mayo Clinic）共同推動多項大數據資料分析計畫。該單位正著手結合來自梅約與其他醫療服務機構的電子病歷，以及來自聯合健保的理賠資料，以了解疾病的病程與治療狀況。

整合組織結構與技能

在大企業的技術基礎架構方面，大數據所需要的組織架構與技能，會與既有架構一起進化與整合，而非重新建立。我們所採訪的組織中，沒有任何一家為大數據建立全新的部門；反倒是在既有的資料分析或技術團隊的使命當中，加入了大數據功能。有些公司並未為了大數據而改變或調整任何組織架構或技能，這意味著它們早已分析大量資料多年。其他公司則表示，目前正把資料科學技能融合到既有技術組合當中。

最可能開始採用或導入大數據技術的組織架構，可以是既有的資料分析團隊（包括專事「作業研究」的團隊，像是UPS或施耐德物流）、資訊部門裡的創新或基礎架構團隊（像是USAA與寶僑），或是研發資料分析團隊（像是奇異）。很多時候，這些中央事務單位會連同資料分析導向的部門或事業單位，像是行銷部門或銀行、零售商的線上事業（見個案研究「梅西.com的大數據進程），一起發展大數據計畫。這類事業單位，有些會有自己的資訊或資料分析團隊。手法似乎最有效、最可能成功的企業，都是同時與負責大數據計畫的事業部門，以及從旁支援的資訊團隊保持緊密關係。

至於技術，這些大企業大多正在（或準備要）把具備高度資訊能力、尤其是具備大數據操作能力的資料科學家（相較於傳統量化分析師），加到既有的資料分析團隊中。所謂的大數據操作能力可能包括自然語言處理或文字探勘技巧、影像或圖片資料分析技巧，以及視覺資料分析技巧等。很多資料分析師也能以Python、Pig，以及Hive等腳本語言寫程式。在背景方面，他們有些具有科學領域的博士學位，有些則是只懂得一些資料分析技巧的出色程式設計師。許多接受我們採訪的人，都不認為在同一個資料科學家身上，會具備所有必要技能，因此他們也都採取團隊合作的方式集合必要技能。

梅西.com的大數據進程

梅西.com在零售巨頭梅西百貨的版圖中也視同一家分店，但它的年成長率高達50%，成長速度比集團的任何單位都來得快。該單位的管理團隊極為資訊、資料，以及資料分析導向，也很熟悉這些技術的運用。如同其他線上零售商一樣，梅西.com高度聚焦於顧客導向的資料分析應用，包括個人化、精準的廣告與電子郵件，以及搜尋引擎最佳化。在梅西.com的資料分析部門裡，是由「顧客洞見」團隊負責這些問題，但除此之外還另有「事業洞見」團隊（專注於支援與衡量行銷相關活動）以及「資料科學」部門，負責處理更尖端的量化技術，像是資料探勘、行銷，以及實驗設計。

梅西.com利用了多種大數據的尖端技術，大多數都未曾在梅西百貨的其他單位使用過。這些技術包括Hadoop、R和Impala等開放原始碼工具，以及SAS、IBM db2、Vertica、Tableau等商業軟體。在資料分析活動中，混用傳統資料管理與資料分析技術，以及新興大數據工具的情形，已經日益常見。資料分析團隊採用的是結合了機器學習與傳統假說－統計驗證的手法。

在梅西.com帶領資料分析部門的可侖．托馬克認為，重點在於大數據技術不該為用而用。「我們很注重投資報酬率，只會投資在真的能解決事業問題的技術上。」未來在梅西.com與其他梅西系統之間，以及與顧客資料上，還會有更多整合。托馬克與同事相信，未來透過全方位管道維持顧客關係，才是正確的發展方向。

向高階主管說明大數據的結果，是一種重要技能，不管是以視覺呈現還是口頭敘述。幾位受訪的資料科學家認為，公司的量化分析師必須懂得「用資料說故事」，而且要和決策者保持良好關係。幾位我們訪談的公司高階代表則指出，內部的資料分析人員必須把可觀時間花在改變管理現況上。診斷式資料分析模式嵌入到重要作業流程後，必須要有資料分析人員與第一線員工及程序主管合作，針對角色、流程設計，以及技能做必要的調整。

面對數量極為龐大的非標準式資料，相關的技能、流程，以及工具，會變得更為重要——這幾乎稱得上是理所當然的。但在資料科學人才方面，我們訪談的大企業，對此感受到的急迫性，多半沒有新創公司那麼高。不過，已經有些公司因為人才匱乏而開始傷腦筋了。

在我們訪談的大企業中，最積極聘用資料科學家的是奇異，目標是招募約四百名，目前已從集團其他部門調來約兩百名。雖然奇異在聘用資料科學家方面頗為成功，它還是在公司內部另外又開設了訓練課程。有時候，要找到熟悉工業產品特定資料類型（像是渦輪感應器資料）的資料科學家，會比較困難一些。

有些公司也提到，將資料科學家技能與傳統資料管理特性結合在一起的必要性。對於把發展大數據計畫當成長期競爭策略的企業而言，資料基礎架構、後設資料、資料品質與校正處理、資料管家與管理儀表板、主資料管理中心、匹配演算法，以及諸多資料相關議題的扎實知識，都相當重要。

無論大企業採用何種管理大數據的組織架構，都需要一個有資料概念的領導團隊。在2011年一份廣為流傳、麥肯錫（McKinsey）針對大數據所做的報告中提及，企業的「資料導向思維」是大數據在企業所占價值高低的關鍵指標。[3]該報告也認為，根據事實（相較於靠直覺）做決策的企業文化，是顯示出大數據潛在價值的重要指標。報告中還說，光是在美國，就需要逾150萬名有資料概念的管理者，來帶領組織的大數據計畫。

但服務於先驅企業的有效管理者，已經推斷出大數據如何能為公司驅動價值——亦即用大數據的成功案例證明，自己的努力是應該的。同樣的，他們也會把策略錯誤或選錯起點的例子，整理成豐富的企業案例集，以鞏固自己的規劃與發展策略。如同麥肯錫的研究所言，「很多先驅企業已經在用大數據創造價值，其他企業若想與之競爭，就必須研究如何能夠做到和對手相同的事。」

我們訪談的高階主管，就屬於後面這類企業。他們說服了公司的領導團隊，大數據計畫不但值得推動，而且利益高過於成本。很多受訪者不但負責大數據與資料分析，也負責其他功能（見個案研究「美國銀行的大數據進程」）。

美國銀行的大數據進程

由於美國銀行的資產規模龐大（2012年時逾2.2兆美元）、顧客眾多（5200萬名消費者與小企業），該組織可說在好幾年前就開始經營大數據事業了。目前該銀行正著眼於大數據的應用，但重點放在以整合性手法服務顧客，以及整合性的組織架構。該銀行以三種角度看待大數據——龐大的交易資料、顧客資料，以及未結構化資料。主要的重點放在前兩類上。

由於大量的顧客資料分散於多種往來管道與顧客關係上，過去該銀行無力同時分析所有顧客，只能以系統化抽樣方式為之。現在有了大數據技術，就愈來愈能處理與分析完整的顧客資料了。

除了一些分析未結構化資料的實驗外，該銀行的大數據計畫，主要的焦點放在透過所有管道與互動內容了解顧客，並針對定義明確的顧客區隔，提供更一致化、更有吸引力的產品與服務。一項名為「美國銀行交易」（BankAmeriDeals）的新計畫，打算根據過去顧客的消費地點，提供現金回饋給一些持有該銀行信用卡與金融簽帳卡的顧客。另一項計畫則是了解顧客透過各種銷售管道與銀行接觸（包括在線上、客服中心，以及分行的互動狀況）的情形及滿意度。

美國銀行過去曾聘用大量的量化分析師，但面對大數據的時代，該銀行又強化與重新組織了這批人，變成既向中央資料分析團隊報告，也向企業部門與單位報告，形成一種矩陣式的報告架構。例如，由量化分析師與資料科學家組成的消費者金融資料分析團隊，就是向同時帶領消費者行銷與數位金融兩個部門的阿迪特雅．巴辛（Aditya Bhasin）報告。該團隊目前與業務主管的合作，也比過去來得密切。

大數據的價值主張

在我為本章內容與大企業的高階主管談論大數據時，他們都認同，大數據是一組會隨時間進化的技能，未來可望發展出新用途，甚至是意想不到的用途。但他們也都承認，自己沒辦法把大數據只當成一種學術研究。它還是必須驅動價值，而且要愈快愈好。對某些公司而言，比如說花旗集團，大數據技術必須藉由降低成本，來為自己掙得繼續存在的價值（見個案研究「花旗集團的大數據進程」）。這些公司很少只把大數據當成一種炫麗的管理新玩意。

花旗集團的大數據進程

早在許多競爭對手進入這行之前，花旗集團就已經是一家資料導向的金融服務公司了。該集團於1812年在紐約成立，當時的名字是城市銀行（City Bank）。目前，這家金融服務大廠已進化到服務全球一百六十國、兩億消費者與機構客戶的地步。該集團的版圖愈大，大數據在企業策略中的角色就愈吃重。

在高階人士討論控管需求與競爭需求時，企業資訊這件事（包括它的整合性、品質，以及日益增長的數量）會自然而然成為觸及的周邊話題。2010年，花旗成立了總資料室（Chief Data Office）。在那之後不久，該公司就下載了Hadoop，開始運用大數據的環境、推動需要大量運算的資料轉換工程。這項Hadoop產物的主要用意之一在於降低成本。

花旗的計畫也包括拓展該環境、促進對顧客關係與顧客行為的了解。在顧客端，花旗正建立所謂「白牌」信用卡與商業信用卡之間的關係，以檢測信用風險變高的可能性。在企業端，公司可檢視高價值的交易資料，為商業交易的對手量身訂做供應鏈或微調資本結構。花旗的

Hadoop基礎架構低成本、高效能的本質，也讓花旗得以在顧客跨越「地理門檻」時，機動配置精準的數位行銷訊息，傳到顧客的行動裝置中。

投資報酬率

對大數據新創企業與線上企業來說，大數據計畫的成功，基本上就是商業模式的成功——因此它們很少會費心分析大數據本身帶來的回報。大企業也一樣，很少會嚴謹地計算出大數據計畫的投資報酬率。事實上，證明大數據可用的事證，往往超越了以降低成本或創造營收等效益呈現出來的金錢層次。這顯示出，高階管理團隊看重的是大數據的長期應用，幾位接受我們訪談的高階主管也認同這樣的看法。

不過，只要把大數據計畫的投資報酬率拿來做初步的比較，就會發現比想像中還好。我在第三章已經以某公司降低成本的數字說明過。再舉另一個例子，2011年，開放原始碼知識分享社群Wikibon發表了一份個案研究，把兩種不同資料分析環境下的財務報酬拿來比較。[4]第一種環境是高速的資料倉儲設備，運用的是傳統的資料擷取、轉換與載入（ETL）手法與資料供應流程。第二種環境是在較新的大數據平台上，以能夠大量平行處理（massively parallel processing, MPP）的硬體與Hadoop跑大數據。

如圖表8-1所示，無論是加快創造價值的時程（在建置後幾乎馬上就顯現價值）、累計現金流量，還是內部報酬率等多項指標，該計畫在MPP/Hadoop的大數據環境下執行，都會比較好（這樣的發現在Wikibon社群中引發大幅討論，社群裡大家問的是「你們公司的資料倉儲是恐龍嗎？」）。該研究的結論並非「資料倉儲已日漸式微」，反倒是傳統資料倉儲最後將會與新興的大數據解決方案和平共存，二者在公司的資料分析生態系統中各扮演自己的專業角色。

事實上，在最早採納大數據的企業裡服務的高階主管，不會去談因而省下或賺到多少錢。我們訪談的高階主管，提到兩種藉由大數據實現報酬的方法。一種方法是藉以發展新的企業能耐；另一種方法是利用資料與資料分析，以較低成本完成原本已經在做的事，或是做得更快或更好——通常是在決策的部分。雖然這些公司很少會針對大數據計畫做嚴謹的成本或效益評估，但效益的部分會比較容易估算。

圖表8-1　大數據與傳統資料倉儲的投資報酬率比較

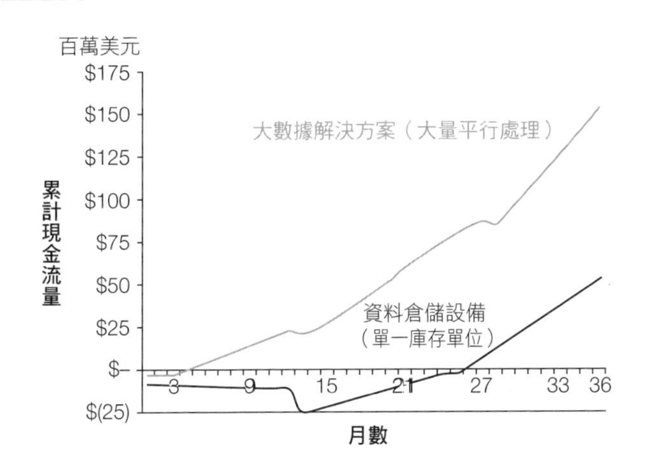

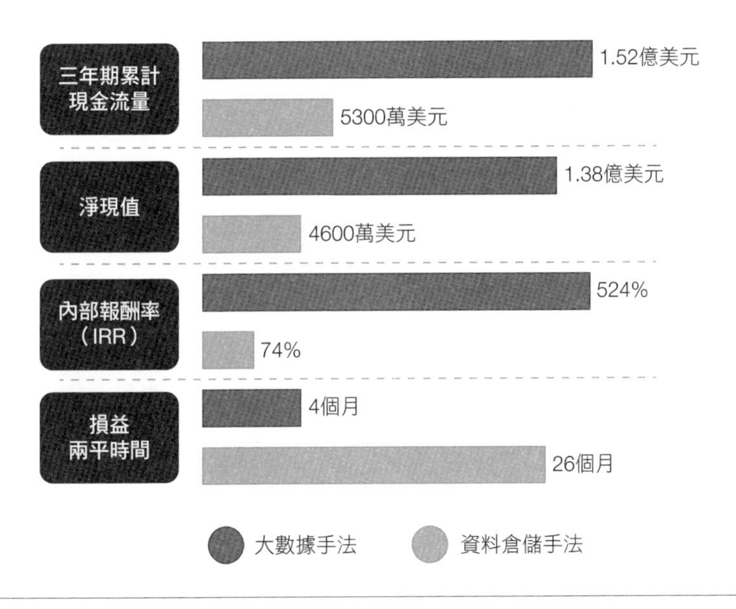

資料來源：http://wikibon.org/wiki/v/Financial_Comparison_of_Big_Data_MPP_Solution_and_Data_Ware house_Appliance.

既有流程自動化

無論是要驗證大數據的概念、探索初步資料或說服公司高層投資，多數企業第一步都必須先證明，大數據技術有其價值，才能再繼續擴大應用。這往往意味著，必須在既有事業典範中創造成本效益或規模經濟。

我們所訪談的高階主管，在導入大數據技術時，大多都是透過初步的概念驗證手法，把大數據解決方案應用到（通常較不靈光的）現有事業程序中，藉以顯示大數據解決方案的高效能、低持成本、規模，以及進階事業能耐。有些狀況下，概念驗證會顯示出改變其他流程的必要性。例如，美國某大航空公司分析了客服中心的錄音轉成的文字資料後發現，顧客與客服人員的互動，對於預測顧客行為很有幫助，但也顯示出客服中心的流程需要一些基本的改良，而且這件事比建立細膩的預測模型還重要。

有些企業看重大數據將原本各自為政、獨立存在的不同平台與處理功能整合在一起的潛力。我訪談的高階主管，一講到大數據技術將資料報告、資料分析、資料探索、資料保護、資料回復功能在單一大數據平台上結合起來的能力時，都顯得躊躇滿志，因為這可以免去把複雜的程式設計技能及其他專業技能和既有系統綁在一起的必要性。不過，他們並不認為這樣的情形可能在短期內實現。西爾斯控股（見個案研究「西爾斯控股的大數據進程」）等公司，目前正大舉投資，試圖藉由「把資料當成一種可提供的服務」，讓大數據的資料分析成為各部門的普遍現象。

關於把新技術應用拿來解決既有問題，有個好消息：現在大家已清楚知道，既有的問題很有機會因而獲得改善，因此也變得比較容易達成共識。某銀行副總裁解釋道，「只要能把已知較為緩慢或出毛病的部分處理好，執行長就會給予支持，說服的效果會比在既有框架之外向他說明新技術要來得好。他才不管競爭對手是否正在拿大數據做什麼，他在意的是對方可能透過更快速的決策而提高市占率。」

西爾斯控股的大數據進程

要說到資訊科技的採用，西爾斯的腳步領先大多零售同業。早在一九八〇年代，西爾斯就建置了企業級資料倉儲，而當時大多零售業者都還在仰賴以人工方式更新試算表、檢視銷售數字。最近，該公司正運用大數據技術加快數以PB計的資料之整合，包括顧客、產品、銷售，以及活動資料在內，用意是了解如何提高行銷成果、把更多顧客找回店裡。西爾斯不但用Hadoop儲存資料，也用它處理資料轉換、整合異質資料，而且速度比過去更快、效能比過去更好。

「我們目前的投資是要發展出，在資料產生的當下即時擷取的能力，」（當時的）西爾斯控股資訊資料分析暨創新副總裁奧利佛．拉茲伯格（Oliver Ratzesberger）表示。「不再使用ETL，因為大數據技術讓我們更容易排除一些長久下來形成的、會造成延遲的因素。」該公司現在正利用阿帕契的Kafka與Storm兩種開放原始碼計畫，實現即時處理。「我們的目標是要發展出能夠在事情剛發生就馬上評估它的能力。」

該公司技術長菲爾．謝利（Phil Shelley；後來他就離開西爾斯，開設了自己的大數據公司）也提到，大數據的能耐讓他們把複雜行銷活動的推出時程從八週縮短到一週——而且還在持續進步當中。更快也更精準的行銷活動只是西爾斯得到的諸多效益之一，最近該公司還開設了一家名為MetaScale的子公司，負責提供雲端大數據服務給非零售廠商。

「西爾斯正斥資發展在資料產生時即時予以擷取與整合的能力，」拉茲伯格說。「我們正著手導入開放原始碼解決方案、改變應用程式的基礎架構。我們要逐步打造出一個任何應用程式都能運用的架構。」

而且，這麼做也會比較容易評估新流程相對於舊方法所能帶來的改善。因此，只要算出產品的上市時間因而加快、行銷投資的成果因而變大，或是病患再次住院的案例變少，就等於是一種更簡便的計算投資報酬率的方式。

開發新用途

但就算是支持大幅變革的高階主管，也會把目光放在大數據的資料分析可望帶來的亮眼新技能上。大數據最特別的地方之一在於，它吸引高階主管關注的方式，與先前任何技術趨勢都不相同。突然之間，你就看到好多位C字頭的高階主管冒出來，不但為大數據計畫補強人力，還在董事會中表明「資料是一種資產」。

大數據的新應用通常視產業別而定，像是汽車保險業者取自車載資通訊設備的資料、醫療業者得到的病患生命徵象資料，或是製造業的RFID標籤。所有這些資料都很難取得與消化，更不用說做有意義的運用了。最近一項調查發現，有41%的企業，也是受訪者中比例最高的一群，並未擬定大數據策略。比例次高的族群則表示「作業／處理」是大數據計畫主要應用的層面。[5]

很明顯，大多公司對大數據的應用依然停留在初期計畫的階段，尚未找出足以完全發揮大數據商業潛能的層面。現在還在萌芽期，也還存在著一些待回答的基本問題：大數據由人處理好，還是由機器處理好？公司最重要的資料，與顧客有關還是與作業有關？新資料會帶來新洞見，或者只是確認既有假說而已？大企業在推動大數據計畫時，多半還是會從既有流程的自動化著手，希望能多創造一些策略性的價值。在大多案例中，這樣的價值可以說是有目共睹的。

資料分析3.0的興起

為了解大數據在大企業扮演的角色，我們必須先了解資料分析的歷史脈絡，以及大數據的簡短歷史。資料分析可分成三個時期，各有不同導向，如圖表8-2所示。

資料分析當然不是什麼新概念，早在一九五〇年代中期，就有企業運用這些工具了。可以確知的是，雖然最近外界對於資料分析的興趣爆增，但是在資料分析史的頭半個世紀裡，大多企業所用的分析方式，其實沒有太大的不同。我們可稱最初的這個時期為資料分析1.0。該時期維持了五十五年，從1954年UPS公司在美國成立第一個企業資料分析團隊，到2005年為止。這時期的資料分析，特質如下：

圖表8-2　資料分析的三個時期

	資料分析1.0	資料分析2.0	資料分析3.0
企業類型	大企業	線上與新創企業	所有企業——「資料經濟」
分析目的	內部決策	新產品	決策與產品
資料型態	結構化小數據	未結構化大量資料	結合所有類型資料
建模方式	批次的長期循環	敏捷的短期循環	敏捷的短期循環
主要技術	套裝軟體	開放原始碼	廣泛組合
主要資料分析類型	敘述式	敘述式、預測式	預應式
企業內地位	後勤作業	「待在橋上」	通力合作

- 資料來源相對少也較有結構，而且多半來自內部。
- 在分析之前，資料必須存放於企業資料倉儲或資料超市。
- 絕大多數的資料分析活動都是敘述式資料分析或報告。
- 資料分析模式的建立是「批次」流程，通常需要好幾個月時間。
- 量化分析師屬於和事業部門員工以及決策分隔開來的後勤團隊。

最早熱烈討論資料科學的，是2001年左右的一些學院；普渡大學（Purdue University）統計學家威廉・克里夫蘭（William S. Cleveland）在那年發表了一篇支持該學門的文章，在接下來的兩年裡，就有兩份資料科學的新期刊創立。[6]大概在2003年左右，商業世界開始注意到大數據，因此我們可以姑且把資料分析2.0看成源起自二〇〇〇年代早期。這時期開始於谷歌、雅虎，以及eBay等網路公司對線上資料的運用，它們也是「資料經濟」的早期接納者。大數據與資料分析不但可供內部決策之用，還構成了涉及顧客的產品及流程的發展基礎。不過，在那個時點，大企業在分析資料時，往往只針對與顧客或產品相關的內部資訊，不但高度結構化，也很少與其他資料整合。換句話說，大多都還是停留在資料分析1.0的層次。

獨立存在於資料分析2.0中的大數據資料分析，在很多層面都有別於1.0的時期。資料常來自於企業外部，而且也如同「大數據」一詞所顯示的，它們不是數量極為龐大，就是未結構化。快速的資訊流意味著企業儲存與處理的動作要快，通常靠的是執行Hadoop的多台大量平行處理伺服器。分析的整體速度也變快許多。視覺資料分析——敘述式資料分析的一種——常會排擠掉預測式與預應式資料分析技術。新一代的量化分析師有了「資料科學家」這個新名字，而且很多都不滿於只負責後勤作業；他們希望能參與開發新產品、協助形塑事業；他們希望能「待在橋上」。

威瑞森無線的大數據進程

威瑞森無線（Verizon Wireless）是威瑞森通訊（Verizon Communications）與伏德風集團（Vdfaphone Group）合資成立的公司。它和其他無線營運商一樣，也握有大量關於顧客行為的資訊。所有無線電話，都會以無線訊號傳出位置資訊（三十尺以內準確），所有營運商也都能接收到這資訊。不過，威瑞森正透過名為精準市場洞見（Precision Market Insights）的事業單位，把手機用戶身處特定地點的資訊、活動狀況，以及背景資料，當成產品出售。目前為止，其客戶包括購物中心、健身房，以及廣告看板公司。

精準市場洞見提供給NBA籃球隊鳳凰城太陽隊（Phoenix Suns）的資訊包括：

- 球迷到哪裡看該隊的現場比賽（以及他們不在哪裡看現場比賽），藉以精準打球隊廣告。
- 有多少現場球迷非本地人士（在為期一個月的研究中，約22%）。
- 球迷的特質（年齡最可能落在25至45歲間，家庭所得逾5萬美元，把孩子留在家裡的父母）。

- 有多少球迷也會觀賞球隊在鳳凰城一帶的春訓比賽（13%）。
- 在一場比賽的24小時以內，名列太陽隊促銷訊息區的某速食連鎖店，來客數增加了多少（8.4%）。

這類資訊對客戶的價值或許再明顯不過：一位鳳凰城太陽隊的高階主管評論道，「這是過去每個人都希望得知，但一直苦無機會取得的資訊。」

資料來源：本篇個案研究中的資訊，來自企業訪談、威瑞森精準市場洞見的網站，以及2013年五月二十二日《華爾街日報》由安東・特羅安諾夫斯基（Anton Troianovski）所寫的〈手機業者出售顧客資料〉（Phone Firms Sell Data on Customers）一文。

當然，大數據仍是熱門概念，你可能也覺得大家都還在2.0時代。不過，我們的研究已有足夠證據顯示，大企業正進入資料分析3.0時代——其本質不同於1.0或2.0。這是個融合了1.0與2.0精華的環境——大數據加上傳統資料分析，迅速創造出夠份量的洞見，以及商品或服務。雖然新模式尚在萌芽期，資料分析3.0的特質已經變得非常明顯。最重要的一點是，不光線上企業，幾乎任何產業、任何類型的公司，都能參與這個由資料所驅動的經濟。銀行、工業產品製造商、醫療服供應商、零售商、電信公司（見個案研究「威瑞森的大數據進程」）——任何產業的任何公司，只要願意抓住機會，都能為顧客發展出以資料為基礎的產品，也能夠在大數據的協助下做決策。

關於資料分析3.0的企業還有其他特質，介紹如下。

多重資料型態，往往結合起來運用

企業正結合大數據與小數據、內部與外部資料來源，以及結構化與未結構化資料，在預測式及預應式模式中創造新洞見。資料來源的增加往往是漸進式的，而非革命式的一口氣增加。例如，貨車運輸業者施耐德物流，愈來愈常在物流最佳化演算法則中，加入來自新設感應器的資料。這些感應器可監控關鍵指標，以實際改善事業流程、降低成本（見個案研究「施耐德的大數據進程」）。

施耐德物流的大數據進程

施耐德物流是北美最大的貨車運輸、物流暨聯運服務供應商之一，幾十年來一直在追求不同形式的資料分析最佳化。過去幾年來，施耐德的事業有一點不同：卡車、貨櫃車，以及聯運貨櫃，都有低成本的感應器可供安裝。這些感應器可用於監控地點、駕駛狀況、油量，以及貨櫃車／貨櫃內裝有物品或是全空。過去五年裡，施耐德改採新技術平台，但領導者並未明確劃分大數據與較傳統的資料類型。不過，運用感應器資料所做的最佳化決策——像是指派卡車或貨櫃——品質確實愈來愈提升。該公司所運用的預應式資料分析，也正改變工作角色與關係。

不時都會有新款感應器問世。例如，施耐德正開始建置的油量感應器，就有助於讓加油時機最佳化（根據油箱的剩餘油量、卡車目的地，以及沿途油價等因素，找出駕駛人最適於停車加油的地點）。過去，駕駛人都是手動輸入資料，但感應器資料不但更為精確，而且不會有誤差。

安全是施耐德的核心價值。駕駛狀況感應器會收集與安全駕駛相關、藉由儀表板追蹤的一些安全指標的資料。例如，感應器會在卡車緊急煞車時擷取資料，回傳到總部，司機的主管就會找他聊聊當時的狀況。施耐德正在測試某種程序，它可根據感應器資料，連同其他因子輸入到某種預測模式中，以預測哪些司機開車出現安全事故的風險比較大。這種預測式的資料分析會為司機打分數，促使公司盡早與該司機溝通，以求減少安全相關的意外事故。

快上許多的技術與方法

大數據技術包括多種軟硬體基礎架構在內，像是由多台平行伺服器構成的Hadoop/MapReduce叢集、專用的大數據設備、內建於記憶體的資料分析功能，以及內建於資料庫的處理功能等等。所有這些技術，都比過去幾代的資料管理與分析技術快上許多。原本得花費好幾小時或好幾天的資料分析工作，可能幾秒鐘就完成了。為搭配這些速度較快的技術，3.0時代的企業會採用更為敏捷（或說更為快速）的新資料分析手法與機器學習技術，進而以更快的速率創造洞見。就和敏捷系統開發一樣，這些手法也涉及經常向專案的利害關係人報告部分成果；至於那群最出色的資料科學家，在工作中會一直有一種揮之不去的緊迫感。企業的挑戰在於，要如何調整作業與決策流程，才能善用這些新技術與手法的潛能。

整合式與嵌入式模型

為配合變快的資料分析與資料處理速度，3.0時代的資料分析模型，往往會變成內建於作業與決策程序，速度與影響力也都遠勝於前。我曾在第六章以希斯羅機場的例子說明過這種現象，但仍有多家公司也出現相同情境。例如，寶僑在公司的兩種主要決策環境中，都安置了一組「事業適足性模式」——

內含管理公司七大事業領域所需要的所有資訊。第一種決策環境叫「決策駕駛艙」(Decision Cockpit),它會出現在寶僑內部逾五萬台的桌上型電腦中。另一種決策環境叫「事業水晶球」(Business Sphere),是各集團做管理決策之用,其特色是在一個房間裡使用多個大型螢幕、顯示出視覺化分析結果。事業水晶球會出現在全球逾五十個寶僑的設施裡。有些公司則是把多種資料分析模型,嵌入到以評分演算法建立,或根據資料分析結果訂規則建立的全自動化系統裡。有些則是把模式套用到消費性產品與功能中。無論如何,將資料分析功能嵌入系統與程序,不但代表著速度變快,也會讓決策者更難迴避運用資料分析——而這通常是一件好事。

新技術環境與混成技術環境

資料分析3.0的環境,很明顯牽涉到新技術架構,但它其實只是我們熟知的架構與新興工具間的組合。大企業將不會捨棄既有的技術環境,我訪談過的部分公司目前仍有效善用IBM大型主機上的關聯式資料庫。只不過,大企業會增加使用Hadoop量產伺服器叢集、雲端技術(無論是私有雲或公共雲),以及開放原始碼軟體等大數據技術。最主要的改變在於,試圖去除在著手評估與分析資料前的冗贅ETL步驟。透過阿帕契Kafka與Storm等即時傳訊與運算工具,可以實現這個目標。

還有另一種正在研究的相關手法是，用於資料探索的新探索平台技術階層。企業資料倉儲原本的用途是探索與分析，但是在許多組織後來卻變成量產應用資料的儲存處，而且存入資料需要高成本而耗時的ETL作業，所以會需要能夠促成資料探索的新技術階層。

這些改變的結果是，資訊工程師在資料管理方面的複雜程度以及選擇都大幅增加，幾乎每個組織最後都採用混合的技術環境。舊格式並未式微，但也必須發展一些新程序，好讓資料以及資料分析的焦點，能夠從分段、評估、探索走到量產應用。

資料科學／資料分析／資訊團隊

在線上企業與大數據新創企業，資料科學家往往可以自行導演整場秀——或至少擁有高度獨立性。但是在較為傳統的大企業，他們就必須與許多其他角色合作。很多時候，大企業的「資料科學家」，可能只是在不怎麼情願的狀況下被迫多花一點時間處理資料管理工作的傳統量化分析師（這其實不是什麼新聞）。此外也會讓精通擷取資料、為資料建立結構的資料高手，與擅長為資料建模的傳統量化分析師合作。這兩個群體都必須與資訊部門合作，由資訊部門提供大數據與資料分析基礎架構，準備沙盒，或是資料探索環境，這些團隊才能探索資料、把探索分析的結果轉為量產應用的能耐。這些團隊得通力完成資料分析工作，而且不同角色之間往往會有許多功能重疊之處。

資料分析長（或同等職位）

為不同類型的資料設置不同主管並無意義，因此大企業會開始設置資料分析長或同等職位，負責監管資料分析技能的建立。我在第六章提到過，AIG找來長期帶領資料分析團隊的墨里・布魯斯瓦擔任科學長（CSO）。他的部屬會處理傳統保險問題（像是藉由資料分析實現訂價最佳化），也正與麻省理工學院的研究人員合作大數據計畫。布魯斯瓦就是資料分析3.0的時代裡，這類領導者的代表。其他組織，包括匹茲堡大學醫學中心、美國總統歐巴馬爭取連任的競選團隊，以及保險業者USAA，也都設置了資料分析長的職位。

預應式的資料分析變多

資料分析可分為三種：敘述式，目的在報告過去的事；預測式，根據過去的資料建立模型、預測未來；預應式，運用模型找出最佳行為與行動。三者都包括在資料分析3.0之中，但預應式資料分析所占的比重變高了。預應式資料分析的模型，會牽涉到大規模測試與最佳化。有許多方法可以把資料分析功能嵌入到重要程序及員工行為當中。對組織來說能在作業方面帶來高度效益，但這有賴高品質的規劃與執行。

預應式資料分析也可能改變第一線員工與主管間的關係，像施耐德物流與UPS。假如電腦和資料分析告訴員工該如何駕駛、接下來該去哪裡、該停在哪裡，或是警告你煞車煞得太猛或左轉時違反交通規則，可能會讓員工對自己的工作有截然不同的感受。資料與資料分析最好正確無誤，否則未來將很難贏回信任。

總結

雖然從大數據的出現（或至少大家察覺到它的存在）至今只有十年，它的種種特性，已足以形塑出新紀元。根據我的研究，各產業的大企業，很明顯正在進入資料經濟，他們不但用大數據做出更好更快的決策、降低成本，還用大數據為顧客開發以資料為基礎的產品與服務。這些企業並未分頭管理傳統資料分析與大數據，而是結合二者，形成新產物。毫無疑問，資料分析3.0仍會持續出現不同的新層面，大企業也仍會持續找到運用資料與資料分析的新方式，但組織必須現在就開始往新模式轉換，包括技能、領導團隊的態度、組織架構、技術，以及基礎架構。這或許是一九八〇年代我們開始從資料中發掘價值以來，最徹頭徹尾的一次大變化。

如同我在第一章所說，大數據的主要價值，並不來自於仍處於原始格式的資料（無論其數量有多大），而在於你如何處理與分析資料，以及在分析過後獲取洞見、開發出產品與服務。既然大數據技術與管理手法出現驚天變化，企業運用資料支援決策與發展產品／服務創新的手法，就應該要有類似程度的大幅調整。資料分析幾乎毫無疑問可以改變組織，那些帶頭在資料分析3.0的時代裡衝鋒陷陣的企業，也將贏得最多的回報。

經理人行動方案

大企業怎麼做？——資料分析3.0

- 你們公司是否會利用資料與資料分析開發出創新的產品與服務？
- 你是否正把大量未結構化資料加到你們公司分析並從中獲益的資料組合中？
- 你是否正把資料分析功能嵌入到最重要的作業與決策程序中？
- 你是否正著手運用資料分析告訴管理者與同仁，該如何在工作中有更好的表現？
- 你是否正著手把大數據的新技術整合到公司的資料倉儲與資料分析技術的基礎架構中？
- 你是否已找到具備多種資料分析技能與資訊科學技能的新員工？
- 你是否曾經把資料分析暨大數據的主管提拔為公司的高階主管？

大數據準備度自我評分表

這份評分表可用於判斷貴組織是否做好了實施大數據計畫的準備。它根據的是我在第六章提到的DELTTA模式，每個因子有五個問題，每個問題的回答都比照李克特量表（Likert scale）分成五個等級，如下所示：

1. 非常不同意
2. 有些不同意
3. 普通
4. 有些同意
5. 非常同意

除非有什麼原因需要特別看重某些問題或領域，我會建議直接計算每項因子的平均得分，以求出該因子的得分。你也可以再把各因子的得分再結合起來，求出準備度的總得分。

接下來的問題是根據國際數據分析研究所用於評估資料分析技能的一組問題，大幅修改而成的。我還向麻省理工學院的研究者艾立克・布林約爾松（Eric Brynjolfson）與安迪・麥克菲（Andy McAfee），借用了一點他們所設計、用於評估大數據準備度的問題集裡的衡量標準。[1]

這些問題適用於全公司或特定事業單位。應該要由熟悉全公司或該部門如何面對大數據的人，來回答這些問題。

資料

____我們能取得極龐大的未結構化或快速變動的資料供分析之用。

____我們會把來自多個內部來源的資料，整合到資料倉儲或資料超市，以利取用。

____我們會整合內外部資料，藉以對事業環境做有價值的分析。

____我們對於所分析的資料都會維持一致的定義與標準。

____使用者、決策者，以及產品開發人員，都信任我們資料的品質。

企業

____我們會運用結合了大數據與傳統資料分析的手法實現組織目標。

____我們組織的管理團隊可確保事業單位與部門攜手合作，為組織決定大數據及資料分析的優先順位。

____我們會安排一個讓資料科學家與資料分析專家能夠在組織內學習與分享能力的環境。

____我們的大數據及資料分析活動與基礎架構，將有充足資金及其他資源的支持，用於打造我們需要的技能。

____我們會與通路夥伴、顧客及事業生態系統中的其他成員合作，共享大數據內容與應用。

領導團隊

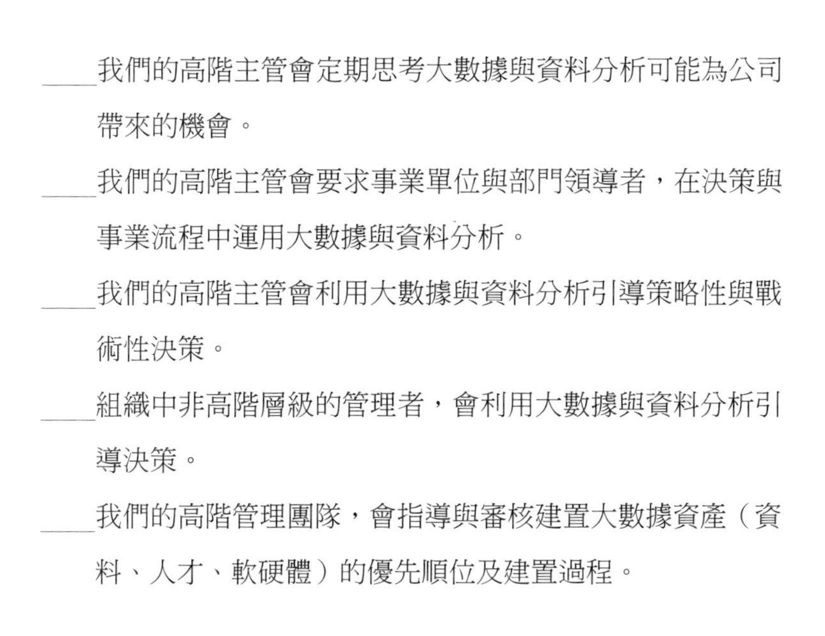

____我們的高階主管會定期思考大數據與資料分析可能為公司帶來的機會。

____我們的高階主管會要求事業單位與部門領導者，在決策與事業流程中運用大數據與資料分析。

____我們的高階主管會利用大數據與資料分析引導策略性與戰術性決策。

____組織中非高階層級的管理者，會利用大數據與資料分析引導決策。

____我們的高階管理團隊，會指導與審核建置大數據資產（資料、人才、軟硬體）的優先順位及建置過程。

目標

____我們的大數據活動會優先用來掌握有助於與競爭對手差異化、潛在價值高的機會。

____我們認為，運用大數據發展新產品與新服務也是一種創新程序。

____我們會評估流程、策略與市場，以找出在公司內部運用大數據與資料分析的機會。

____我們經常實施資料驅動的實驗，以收集事業中哪些部分運作得順利、哪些部分運作得不順利的資料。

____我們會在資料分析與資料的佐助下評價現有決策，以評估未結構化的新資料來源是否能提供更好的模式。

技術

____我們已探索過平行運算手法（如Hadoop），或已用它來處理大數據。

____我們善於在說明事業議題或決策時使用資料視覺化手法。

____我們已探索過以雲端服務處理資料與進行資料分析，或是已實際這麼做。

____我們已探索過用開放原始碼軟體處理大數據與資料分析，或是已實際這麼做。

____我們已探索過用於處理未結構化資料（如文字、影音或圖片）的工具，或是已實際採用。

資料分析人員與資料科學家

____我們有足夠的資料科學家與資料分析專家等人才，幫忙實現資料分析的目標。

____我們的資料科學家與資料分析專家，在關鍵決策與資料驅動的創新上提供的意見，受到高階管理者的信任。

____我們的資料科學家與資料分析專家，能了解大數據與資料分析要應用在哪些事業範疇與程序上。

____我們的資料科學家、量化分析師與資料管理專家，能有效以團隊合作方式發展大數據與資料分析計畫。

____公司內部針對員工設有培養資料科學與資料分析技能的課程（無論是內部課程或與外面的組織合作開設）。

謝詞

如果我聰明到能夠獨力想出這本書的所有內容，那可就太美妙了，很可惜並非如此。我得仰賴別人的善心與智慧，是他們與我分享了自己正利用大數據在做的事。因此，我很感謝所有把自己的經驗洞見分享給我的朋友們。本書中的每一個故事，背後都有個慷慨的說故事人。

我也很感謝我在SAS研究所的幾個好朋友，他們大力協助我對資料分析所做的研究。他們幫忙的其中兩個個案，已在本書中談及。麥可・布萊特（Mike Bright）是我在SAS的主要聯絡窗口，史考特・梵瓦肯伯（Scott VanValkenburg）則是我在該機構的第一個對口。在合作將近十年的期間裡，他們一直都是我的好友與顧問。我還要謝謝SAS一些其他人士，包括肯・布蘭克（Ken Blank）、吉姆・戴維斯（Jim Davis）、卡爾・法雷爾（Carl Farrell）、吉姆・古奈特（Jim Goodnight）、戴伯・奧東（Deb Orton）、阿德勒・史威伍德（Adele Sweetwood），以及太多我無法一一列述的朋友。

我在國際數據分析研究所的協助下完成本書的部分研究。該機構也是我和傑克・飛利浦（Jack Phillips）共同創辦的。感謝該機構的傑克、凱薩琳・布些（Katherine Busey）、莎拉・蓋茲（Sarah Gates）、卡莉・尤西（Callie Youssi），以及其他人的協助。

我擔任德勤資料分析的資深顧問已經好幾年；珍・葛利芬（Jane Griffin）是一位很好的支持者與朋友。也要謝謝弗雷斯特・丹森（Forrest Danson）、溫蒂・德霍夫（Wendy DeHoef）、凱莉・尼爾森（Kelly Nelson）、提姆・飛利浦（Tim Phillipps），以及弗雷・羅夫曼（Fred Roffman）——他們全是德勤資料分析的夥伴——持續的支持。德勤的馬可斯・辛格斯（Marcus Shingles）曾負責雜貨製造商協會（Grocery Manufacturers Association）的一個大數據研究計畫，我也參與其中。其中的一些想法，毫無疑問也出現在這本書裡。

最後，在撰寫這本書時，我開始了一個資料探索計畫，部分研究內容在計畫尚未完成前就被我放到書裡了。該計畫是由天睿Aster所支持，我要謝謝塔索・阿里戈斯（Tasso Argyros）和瑪麗・葛羅斯（Mary Gros）讓我與他們的顧客接觸，也讓我見識產品的能耐。

我也以顧問或合作研究員的身分，與幾家公司或組織合作過，從中學到了許多。我把這些單位依字母順序分列如下：第一資料分析（First Analytics）、MarketShare、Medidata Solutions、麻省理工學院數位商業中心、美優（Mu Sigma）、Real Impact、Signals Intelligence Group，以及Via Science。

哈佛商業評論出版社（Harvard Business Review Press）還有一些鼎力協助本書出版的重要人物。梅琳達．梅利諾（Melinda Merino）過去編輯過幾本我的書，這次合作和之前幾次一樣十分愉快。完成這本書的過程中，她也提供了許多讓這本書更迷人、更引人入勝的好意見。

在先前幾本書裡，我一直漏了對茱莉．迪佛（Julie Devoll）致上謝意，她是長期在哈佛商業評論出版社負責宣傳我著作的人員。正常來說，我在寫謝詞時並不知道到時候會是誰幫忙宣傳，但茱莉向我保證，這次這本書，她會以她的專業，堅持不懈地做好服務。如果任何人知道這本書或看了這本書，想來都得感謝茱莉。

這本書的書衣設計，得歸功於史蒂芬妮．芬可斯（Stephani Finks）。崔西．威廉斯（Tracy Williams）帶領本書的行銷團隊；艾里森．彼得（Allison Peter）對於審稿與插圖作業的掌控俐落又順暢；也要謝謝我的老朋友暨《哈佛商業評論》資深編輯茱莉亞．柯比（Julia Kirby），她幫我從我為該雜誌寫的幾篇文章中整理出我關於大數據的想法。

謝謝內人裘蒂・戴文波特（Jodi Davenport），早在我實際動筆之前，她就催我為大數據寫書。還有我兒子海斯（Hayes）與傑斯（Chase），他們至少對於大數據的議題略感興趣——海斯關心的是娛樂業的部分，傑斯關心的是教育的部分。謝謝他們給我的建議。

我寫過的書比我的家庭人數還多，現在我又要再次把著作獻給家庭成員。我先前的著作《魔鬼都在數據裡》也是獻給我的岳母海倫・庫比克（Helen Kubik），這是因為她比任何人都更能享受這樣的事，而且後來那本書也賣得很不錯。所以，海倫，我同樣把這本書也獻給妳，請妳再加持一次吧，拜託！

註釋

第一章

1. John Gantz與David Reinsel，〈大數據、更龐大的資料影子，以及遠東地區最龐大的資料成長〉（Big Data, Bigger Digital Shadows, and Biggest Growth in the Far East），IDC「數位世界」（Digital Universe）研究，2012年12月1日，http://www.emc.com/collateral/analyst-reports/idc-the-digital-universe-in-2020.pdf。
2. 針對資料科學家的研究：湯瑪斯．戴文波特，〈大數據與高效能資料分析的人性因素〉（The Human Side of Big Data and High-Performance Analytics；由SAS及EMC贊助），http://www.sas.com/reg/gen/corp/2154478；針對大數據在大企業實施狀況的研究：湯瑪斯．戴文波特與潔爾．帝琪（Jill Dyche），〈大企業實施大數據之研究報告〉（Big Data in Big Companies Research Report；由SAS贊助），www.sas.com/reg/gen/corp/2266746；針對旅遊業應用大數

據的研究：湯瑪斯・戴文波特，〈站在大數據的十字路口：轉向朝更智慧化的旅遊體驗而行〉（At the Big Data Crossroads: Turning Toward a Smarter Travel Experience；由阿瑪迪斯贊助），www.amadeus.com/bigdata；針對資料探索的研究：由天睿Aster贊助（本書付梓時尚未完成）。

3. NewVantage Partners，「2012年大數據高階主管調查：主題與趨勢」，http://newvantage.com/data-management/。我是該機構的顧問。
4. 由Dan Power撰文的〈決策支援系統簡史〉（A Brief History of Decision Support Systems）中提到更多關於早期術語的細節；見http://dssresources.com/history/dsshistory.html。
5. 「2.5百萬兆位元組」的預測是由IBM所提出，見〈何謂大數據？企業導入大數據〉（What Is Big Data? Bringing Big Data to the Enterprise），www.ibm.com。
6. 詹姆士・威爾遜（H. James Wilson），〈數字是我的職場教練〉（You, by the Numbers）《哈佛商業評論》，2012年9月號，119至122頁。
7. 史蒂芬・沃爾夫勒姆（Stephen Wolfram）的部落格文章，〈我生活中的個人資料分析〉（The Personal Analytics of My Life），2012年3月8日，http://blog.stephenwolfram.com/2012/03/the-personal-analytics-of-my-life/。

8. http://www.unglobalpulse.org/technology/hunchworks。

9. Steve Lohr,〈在大數據中找尋數位狼煙〉(Searching Big Data for Digital Smoke Signals),《紐約時報》,2013年8月7日, http://www.nytimes.com/2013/08/08/technology/development-groups-tap-big-data-to-direct-humanitarian-aid.html。

10. 我很感謝Paul Barth在實驗這一節提供的諸多想法。部分想法已發表於湯瑪斯・戴文波特、Paul Barth與Randy Bean所寫之〈大數據有何不同〉(How Big Data Is Different)一文,麻省理工學院《史隆管理評論》(*MIT Sloan Management Review*)2012年秋季號,http://sloanreview.mit.edu/the-magazine/2012-fall/54104/how-big-data-is-different/。

11. 舒瓦茲是Paul Barth與Randy Bean為了〈大數據有何不同〉一文而訪談的。

12. Spencer Ackerman,〈歡迎來到無人機大數據時代〉(Welcome to the Age of Big Drone Data),Wired.com,2013年4月25日,http://www.wired.com/dangerroom/2013/04/drone-sensors-big-data/。

13. 麥可・海登(Michael Hayden),〈前CIA局長:愛德華・斯諾登做了什麼〉(Ex-CIA Chief: What Edward Snowden Did),CNN.com,2013年7月19日,http://www.cnn.

com/2013/07/19/opinion/hayden-snowden-impact。

14. 彼得·杜拉克，〈下一個資訊革命〉（The Next Information Revolution），《富比士ASAP》1998年8月24日。

15. 湯瑪斯·戴文波特，〈Recorded Future：分析網路意見以了解未來展望〉（Recorded Future: Analyzing Internet Ideas About What Comes Next），個案613-083（波士頓：哈佛商學院，2013年）。

16. 安納德·拉雅藍（Anand Rajaram），〈資料多通常比演算法則多來得好〉（More Data Usually Beats Better Algorithms），Datawocky（部落格）, http://anand.typepad.com/datawocky/2008/03/more-data-usual.html。

17. Alon Halevy，彼得·諾威格（Peter Norvig）與Fernando Pereira，〈不合邏輯的資料效率〉（The Unreasonable Effectiveness of Data），《IEEE智慧型系統》（*IEEE Intelligent Systems*），2009年3月號，第8至12頁。

18. 皮尤研究中心（Pew Research Center），〈網友不喜歡個人化廣告〉（Internet Users Don't Like Targeted Ads），2012年3月13日，http://www.pewresearch.org/daily-number/internet-users-dont-like-targeted-ads/。

19. 安迪·麥克菲（Andy McAfee）與艾立克·布林約爾松

（Erik Brynjolfsson），〈管理的資訊革命〉（Big Data: The Management Revolution），《哈佛商業評論》，2012年10月號，60至68頁。

第二章

1. 〈代號「88英畝：微軟如何默默建立未來城市」〉（88 Acres: How Microsoft Quietly Built the City of the Future），http://www.microsoft.com/en-us/news/stories/88acres/88-acres-how-microsoft-quietly-built-the-city-of-the-future-chapter-1.aspx。
2. Stephanie Clifford與Quentin Hardy，〈購物者注意，實體商店用你的手機追蹤你〉（Attention, Shoppers: Store Is Tracking Your Cell），《紐約時報》，2013年6月14日，http://www.nytimes.com/2013/07/15/business/attention-shopper-stores-are-tracking-your-cell.html。
3. Emily Singer，〈監測生活中的數據〉（The Measured Life），《技術評論》（*Technology Review*），2011年6月21日，http://www.technologyreview.com/featuredstory/424390/the-measured-life/。
4. IBM公司，〈手機不是裝置，而是資料〉（Mobile Isn't a Device, It's Data），www.ibm.com/mobilefirst/us/en/bin/pdf/

wsj0429opad.pdf。
5. 中立星為AccountLink服務準備的〈解決方案表〉，http://www.neustar.biz/information/docs/pdfs/solutionsheets/accountlink-solutionsheet.pdf。
6. David Carr，〈觀眾愛看什麼就餵什麼〉（Giving Viewers What They Want），《紐約時報》，2013年2月24日，http://www.nytimes.com/2013/02/25/business/media/for-house-of-cards-using-big-data-to-guarantee-its-popularity.html。
7. GTM Research，〈2013年至2020年的軟體智慧電網〉（The Soft Grid 2013-2020），由SAS研究所（SAS Institute）贊助之研究，2013年，http://www.sas.com/news/analysts/Soft_Grid_2013_2020_Big_Data_Utility_Analytics_Smart_Grid.pdf。
8. 韋斯·尼可斯（Wes Nichols），〈廣告分析學2.0〉（Advertising Analytics 2.0），《哈佛商業評論》，2013年3月號，第60至68頁。
9. John Brockman訪談艾力克斯·珊迪·潘特蘭（Alex [Sandy] Pentland），〈在大數據興起之際重新設計社會〉（Reinventing Society in the Wake of Big Data），前沿網（Edge.org），2012年8月30日，http://www.edge.org/conversation/reinventing-society-in-the-wake-of-big-data。

10. 必須讓各位知道，我是Signals Intelligence Group的顧問。

第三章

1. Clint Boulton，〈GameStop資訊長：Hadoop並非任何組織都適用〉（GameStop CIO: Hadoop Isn't for Everyone），《華爾街日報》的CIO Journal網站，2012年12月10日，http://blogs.wsj.com/cio/2012/12/10/gamestop-cio-hadoop-isnt-for-everyone/。
2. 2013年2月17日作者與潔爾・帝琪共同以電話訪談這位不希望具名的管理者。
3. 關於GroupM如何運用大數據，見Joel Schectman，〈廣告公司找到降低大數據成本的方法〉（Ad Firm Finds Way to Cut Big Data Costs），《華爾街日報》的CIO Journal網站，2013年2月8日，http://blogs.wsj.com/cio/2013/02/08/ad-firm-finds-way-to-cut-big-data-costs/。
4. 可侖・托馬克（Kerem Tomak）在〈高效能資料分析的兩種專家觀點〉（Two Expert Perspectives on High-Performance Analytics）一文中所言，見《智慧季刊》（*Intelligence Quarterly*；由SAS發行），2012年第2季第6頁。
5. 2013年3月19日作者以電話訪談這位不希望具名的管理者。

6. 湯姆・范德比爾特（Tom Vanderbilt），〈讓機器人駕駛：未來全自動車款已到來〉（Let the Robot Drive: The Autonomous Car of the Future Is Here），《連線》，2012年1月20日，http://www.wired.com/magazine/2012/01/ff_autonomouscars/。
7. Geoffrey Colvin專訪約瑟夫・希梅內斯（Joe Jimenez），〈約瑟夫・希梅內斯為公司永續發展舖路〉（Joe Jimenez Lays Out His Path to Business Longevity），《財星》，2013年3月21日，http://money.cnn.com/2013/03/21/news/companies/novartis-joe-jimenez.pr.fortune/index.html。
8. 作者與Matters公司執行長喬伊・費茲（Joey Fitts）於2013年9月當面或以電子郵件的討論內容。後來我成為他們公司的顧問。
9. 湯瑪斯・雷曼（Thomas C. Redman），〈在組織裡推動資料探索活動〉（Building Data Discovery Into Your Organization），《哈佛商業評論》部落格文章，http://blogs.hbr.org/cs/2012/05/building_data_discovery_into_y.html。
10. 訪談阿瑪迪斯公司（有些當面訪談，有些致電訪談）所得到的內容已在2013年1月與2月整理至一項由該公司贊助，針對「旅遊業應用大數據」所做的研究中；見湯瑪斯・戴文波特，〈站在大數據的十字路口：轉向朝更智慧化的旅遊體驗而行〉（At the Big Data Crossroads: Turning Toward a Smarter Travel Experience），2013年6月，www.amadeus.com/bigdata。

11. 2013年4月與6月分別當面以及電話訪談麗莎・虎克（Lisa Hook）的內容。

第四章

1. 2013年3月時，先是當面與Blaise Heltai討論，後來又用電子郵件繼續討論。
2. 傑克・波爾威（Jake Porway），〈社會變革不能只靠駭的〉（You Can't Just Hack Your Way to Social Change），《哈佛商業評論》部落格文章，2013年3月7日，http://blogs.hbr.org/cs/2013/03/you_cant_just_hack_your_way_to.html。
3. Bill Goodwin，〈顧能說，商業智慧專案的失敗要怪溝通不良〉（Poor Communication to Blame for Business Intelligence Failure, Says Gartner），ComputerWeekly.com，2011年1月10日， http://www.computerweekly.com/news/1280094776/Poor-communication-toblame-for-business-intelligence-failure-says-Gartner。

4. 見湯瑪斯・戴文波特與Jinho Kim共著之《跟上量化專家的腳步》（*Keeping Up with the Quants*；波士頓：哈佛商業評論出版社，2013年）。
5. 思南・艾瑞爾（Sinan Aral）撰文，Nikolaos Hanselmann負責視覺化，〈從大數據到大洞見，以視覺為起點〉（To Go from Big Data to Big Insight, Start with a Visual），2013年8月27日，《哈佛商業評論》部落格文章，http://blogs.hbr.org/2013/08/visualizing-how-online-word-of/。
6. 文森・格蘭威爾（Vincent Granville），〈垂直型與水平型的資料科學家〉（Vertical vs. Horizontal Data Scientists），「資料科學中樞」（Data Science Central）部落格文章，2013年3月17日，http://www.datasciencecentral.com/profiles/blogs/vertical-vs-horizontal-data-scientists。
7. 2013年3月至4月間，與馬克・葛拉伯（Mark Grabb）在會議中的小組討論，以及會後互通電子郵件。
8. Talent Analytics，〈資料分析人才的標竿學習〉（Benchmarking Analytical Talent），2012年，http://www.talentanalytics.com/talent-analytics-corp/research-study/。
9. 2013年4月1日與馬克・葛拉伯的電子郵件討論。
10. 芭芭拉・威克森（Barbara Wixom）等人，〈商業智慧在學術界的現況〉（The Current State of Business

Intelligence in Academia），《資訊系統協會通訊期刊》（*Communications of the Association for Information Systems*）第29期（2011年），http://aisel.aisnet.org/cais/vol29/iss1/16。

11. 與我在《哈佛商業評論》2012年10月號的70至76頁合撰〈企業最誘人的職缺〉（Data Scientist: The Sexiest Job of the 21st Century）一文的作者帕蒂爾（DJ Patil）訪談傑克·卡拉姆卡（Jake Klamka）所得。
12. 謝謝DJ Patil告訴我葛瑞拉克公司運用資料科學家的情形。當時他是葛瑞拉克的首席客座資料科學家。
13. 2012年2月28日以電話訪談艾美·海尼克（Amy Heineike）所得。
14. Sy Mukherjee，〈IBM的超級電腦「華生」可能是美國醫療資訊技術的未來嗎？〉（Could IBM's 'Watson' Supercomputer Be the Future of U.S. Healthcare Information Technology?），ThinkProgress，2013年2月26日，http://thinkprogress.org/health/2013/02/26/1637641/ibm-watson-supercomputer/。
15. 參見詹姆士·泰勒（James Taylor）的《決策管理系統：使用商業規則與預測式資料分析的實用指南》（*Decision Management Systems: A Practical Guide to Using Business*

Rules and Predictive Analytics；印第安納州印第安納波利斯市：IBM出版社，2011年）一書，或參見泰勒的網站www.jtonedm.com。

16. PNC的資訊來自於2013年6月10日與John Demarchis的一場訪談。

第五章

1. 這部分的內容要感謝SAS最佳實務的副總裁潔爾・帝琪（Jill Dyche），她和我一起發展出本章的許多寫作架構。大部分內容取自我們的報告《大企業的大數據》（*Big Data in Big Companies*；國際數據分析研究所，2013年4月）。
2. 2013年2月13日以電話訪談提姆・禮雷（Tim Riley）與其他USAA人員所得。
3. SAS的2013年大數據調查研究概要（2013 Big Data Survey Research Brief）第1頁，http://www.sas.com/resources/whitepaper/wp_58466.pdf。
4. 2013年3月26日以電話訪談亞倫・奈度（Allen Naidoo）之內容。
5. 2013年3月與潔爾・帝琪以電話訪談一位不願具名的主管所得。
6. 〈思科視覺網路指標預測：全球行動資料傳輸量預測更新

報告〉（Cisco Visual Networking Index: Global Mobile Data Traffic Forecast Update），2013年2月6日，http://www.cisco.com/en/US/solutions/collateral/ns341/ns525/ns537/ns705/ns827/white_paper_c11-520862.html。

第六章

1. 2013年2月13日訪談提姆・禮雷與香儂・吉伯特（Shannon Gilbert）之內容。
2. 2013年和塔索・亞吉羅斯（Tasso Argyros）在多次非正式閒聊中談及。
3. 關於LinkedIn以及「你可能認識的人」（People You May Know）的資訊，來自於一次以電話訪談強納生・高曼（Jonathan Goldman）、一次當面訪談雷德・霍夫曼（Reid Hoffman），以及與帕蒂爾的討論；以上全是2012年的事。
4. 關於諾拉・丹澤（Nora Denzel）以及Intuit的資訊，來自於作者與George Roumeliotis在2012年2月的一次訪談，以及Bruce Upbin的〈Intuit如何協助小企業運用大數據〉（How Intuit Uses Big Data for the Little Guy），Forbes.com，2012年4月26日，http://www.forbes.com/sites/bruceupbin/2012/04/26/how-intuit-uses-big-data-for-the-little-guy/。

5. 2013年與墨里・布魯斯瓦（Murli Buluswar）當面討論以及在電子郵件裡的討論。

6. 2013年4月25日與佐賀・卡路（Zoher Karu）以電子郵件討論的內容。

7. 雷德・霍夫曼的部落格文章，http://reidhoffman.org/if-why-and-how-founders-should-hire-a-professional-ceo/。

8. 在Christopher Steiner的《不斷的自動化：為何這個世界會變成由演算法則所統治？》（*Automate This: How Algorithms Came to Rule Our World*；紐約Portfolio出版社，2012年）中，可以找到關於自動化在金融服務中所扮演的角色之介紹，以及這樣的應用是如何興起的。

9. 關於希斯羅機場應用大數據的資訊，來自於專訪佩加系統幾位高階主管的內容、佩加系統的網站（www.pegasystems.com），以及Justin Kern撰文之〈希斯羅透過BPM提升航班準點率〉（Heathrow Lands BPM for On-Time Flights），《資訊管理》（*Information Management*），2012年12月11日，http://www.information-management.com/news/Heathrow-Lands-BPM-for-On-Time-Flights-10023650-1.html。

第七章

1. Jeffrey Dean與Sanjay Ghemawat，〈MapReduce：在大型伺服器叢集上簡化資料處理〉（MapReduce: Simplified Data Processing on Large Clusters），2004年12月，http://research.google.com/archive/mapreduce.html。
2. E.B.Boyd，「LinkedIn的雷德·霍夫曼談Groupon的大優勢：大數據」，FastCompany.com部落格文章，http://www.fastcompany.com/1795868/linkedins-reid-hoffman-groupons-big-advantage-big-data。
3. Jeanne G. Harris、Allan Alter與Christian Kelly，〈如何以矽谷的速度執行資訊工作〉（How to Run IT at the Speed of Silicon Valley），《華爾街日報》部落格文章，2013年5月14日，http://blogs.wsj.com/cio/2013/05/14/how-to-run-it-at-the-speed-of-silicon-valley/。
4. Robert F. Higgins, Penrose O'Donnell以及Mehul Bhatt，「Kyruus：大數據找尋殺手級應用」（Kyruus: Big Data's Search for the Killer App），案例813-060（Boston：哈佛商學院，2012年），頁13。
5. 2013年5月26日與克里斯多夫·阿爾伯格（Christopher Ahlberg）互通電子郵件的內容。

6. 2013年5月至6月間與吉姆·戴維斯（Jim Davis）的小組討論及電子郵件討論。
7. 關於A/B測試的描述出現在Brian Christian，〈A/B測試：改變商業規則的技術背後〉（The A/B Test: Inside the Technology That's Changing the Rules of Business），《連線》，2012年4月25日，http://www.wired.com/business/2012/04/ff_abtesting/。
8. 我在〈讓實驗為創新開路〉（How to Design Smart Business Experiments）一文中也介紹了eBay進行測試及舉辦商業實驗的概況，見《哈佛商業評論》2009年2月號，第68至76頁。
9. Claire Cain Miller與Catherine Rampell，〈雅虎要求在家工作者回到公司上班〉（Yahoo Orders Home Workers Back to the Office），《紐約時報》，2013年2月25日，www.nytimes.com/2013/02/26/technology/yahoo-orders-home-workers-back-to-the-office.html。
10. Natasha Singer，〈假如我的資料是可以翻書參考的考試，為何我看不懂它？〉（If My Data Is an Open Book, Why Can't I Read It?）《紐約時報》，2013年5月25日，http://www.nytimes.com/2013/05/26/technology/for-consumers-an-open-data-society-is-a-misnomer.html。

11. 見Danny Dover，〈谷歌的邪惡面？探索谷歌收集了用戶的哪些資料〉（The Evil Side of Google? Exploring Google's User Data Collection；部落格文章）一文，或許文章是早先時候寫的，但還是能讓我們對於谷歌在2008年時收集到的用戶資料清單感到印象深刻與恐懼。見http://www.seomoz.org/blog/the-evil-side-of-google-exploring-googles-user-data-collection。
12. Arun Murthy，HortonWorks部落格文章，http://hortonworks.com/blog/moving-hadoop-beyond-batch-with-apache-yarn/#UjyFW2RASe0。
13. IBM公司What Is Hadoop網站，http://www-01.ibm.com/software/data/infosphere/hadoop/。
14. Gil Press，〈得到最多資金挹注的十大大數據新創企業〉（Top 10 Most Funded Big Data Start-ups），《富比士》部落格文章，2013年3月18日，http://www.forbes.com/sites/gilpress/2013/03/18/top-10-most-funded-big-data-startups/。
15. Cynthia Kocialski，〈大數據新創企業成功背後的故事〉（The Story Behind a Big Data Startup's Success），部落格文章，2013年5月21日，http://cynthiakocialski.com/blog/2013/05/21/successful-entrepreneur-raul-valdes-perez-tells-his-startup-story/。

第八章

1. NewVantage Partners，2012年「大數據高階主管調查：主題與趨勢」（Big Data Executive Survey: Themes and Trends, 2012）。
2. Peter Evans與Marco Annunziata合撰之〈工業互聯網：拓展人智與機器的疆域〉（Industrial Internet: Pushing the Boundaries of Minds and Machines），奇異報告，2012年11月26日，www.ge.com/docs/chapters/Industrial_Internet.pdf。
3. 〈大數據：創新、競爭與創造力的的下一個前沿〉（Big Data: The Next Frontier for Innovation, Competition, and Creativity），麥肯錫全球研究所（McKinsey Global Institute），2011年。
4. David Floyer（創始作者），〈大數據MPP解決方案與資料倉儲設備的財務比較〉（Financial Comparison of Big Data MPP Solution and Data Warehouse Appliance）；欲了解研究全貌，請見http://wikibon.org/wiki/v/Financial_Comparison_of_Big_Data_MPP_Solution_and_Data_Warehouse_Appliance。
5. SAS的2013年大數據調查（SAS 2013 Big Data Survey），http://www.sas.com/resources/whitepaper/wp_58466.pdf。

6. Gil Press在《富比士》的一篇部落格文章中，整理了資料科學的簡史；見Forebse.com在2013年5月28日的〈資料科學極簡史〉（A Very Short History of Data Science）一文，Forbes.com，http://www.forbes.com/sites/gilpress/2013/05/28/a-very-short-history-of-data-science/。

附錄

1. 艾立克・布林約爾松與安迪・麥克菲，〈貴公司做好迎接大數據的準備了嗎？〉（Is Your Company Ready for Big Data?），《哈佛商業評論》網站，http://hbr.org/web/2013/06/assessment/is-your-company-ready-for-big-data。

財經企管 CB536

大數據@工作力

如何運用巨量資料，打造個人與企業競爭優勢

BIG DATA AT WORK:

Dispelling the Myths, Uncovering the Opportunities

國家圖書館出版品預行編目（CIP）資料

大數據@工作力：如何運用巨量資料，打造個人與企業競爭優勢／湯瑪斯．戴文波特（Thomas H. Davenport）著；江裕真譯.-- 第一版.-- 臺北市：遠見天下文化, 2014.11
面；　公分.--（財經企管；CB536）
譯自：Big data at work : dispelling the myths, uncovering the opportunities
ISBN 978-986-320-618-7（精裝）
1. 企業管理　2. 資料探勘
3. 商業資料處理
494　　103023063

作者 — 湯瑪斯．戴文波特（Thomas H. Davenport）
譯者 — 江裕真

出版事業部副社長／總編輯 — 許耀雲
總監／王譓茹
特約副主編暨責任編輯 — 許玉意
封面設計 — 周家瑤

出版者 — 遠見天下文化出版股份有限公司
創辦人 — 高希均、王力行
遠見．天下文化．事業群　董事長 — 高希均
事業群發行人／CEO — 王力行
出版事業部總編輯 — 許耀雲
版權部協理 — 張紫蘭
法律顧問 — 理律法律事務所陳長文律師
著作權顧問 — 魏啟翔律師
地址 — 台北市104松江路93巷1號
讀者服務專線 — (02) 2662-0012
傳真 — (02)2662-0007；(02)2662-0009
電子信箱 — cwpc@cwgv.com.tw
直接郵撥帳號 — 1326703-6號　遠見天下出版股份有限公司

電腦排版 — 李秀菊
製版廠 — 東豪印刷事業有限公司
印刷廠 — 盈昌印刷有限公司
裝訂廠 — 源太裝訂實業有限公司
登記證 — 局版台業字第2517號
總經銷 — 大和圖書書報股份有限公司　電話／(02) 8990-2588
出版日期 — 2014年11月25日第一版第一次印行

定價 — NT$360

ISBN: 978-986-320-618-7
書號 — CB536
天下文化書坊 — http://www.bookzone.com.tw

（英文版 ISBN-13: 978-1422168165）

Believing in Reading

相信閱讀